合　接

劈　接

舌　接

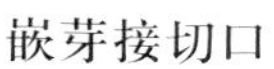

嵌芽接切口

嵌芽接愈合情况

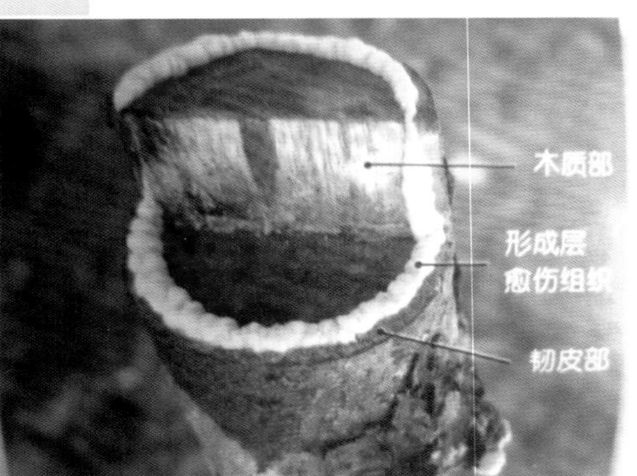

大树砧木切面

木质部
形成层愈伤组织
韧皮部

幼树砧木切面

多
少

插皮接后愈伤组织在砧木伤口处的分布

多头高接换种

月季　一株上接不同品种

树状月季

嫁接的碧桃园

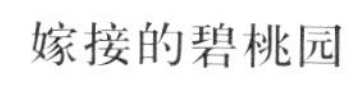

嫁接的金叶榆树

垂直金叶槐树

接后 2 年的金叶槐树

樱花苗圃（砧木用考特）

林木嫁接技术图解

（第二版）

高新一　王玉英　编著

金盾出版社

内 容 提 要

本书由北京农林科学院林果研究所高新一研究员和中国科学院植物研究所王玉英研究员编著。本书自出版发行以来，已重印 19 次，销售量达 31.2 万册。此次修订，除对原版书中的陈旧内容进行更新和修正外，又增加了 1 种嫁接方法和 7 种嫁接技术。内容包括：什么是林木嫁接，林木嫁接的好处，林木嫁接成活的原理，接穗的选择、贮藏与蜡封，嫁接时期及嫁接工具和用品，嫁接方法，特殊用途的嫁接技术，嫁接后的管理。该书通俗易懂，形象直观，技术先进，科学实用，可操作性强，可供广大林业、园艺技术人员和有关农林院校师生阅读参考。

图书在版编目(CIP)数据

林木嫁接技术图解/高新一，王玉英编著．—2 版．—北京：金盾出版社，2018.10

ISBN 978-7-5186-1303-8

Ⅰ.林…　Ⅱ.①高…②王…　Ⅲ.林木—嫁接—图解　Ⅳ.S723.2-64

中国版本图书馆 CIP 数据核字(2017)第 114777 号

金盾出版社出版、总发行

北京太平路 5 号(地铁万寿路站往南)

邮政编码：100036　电话：68214039　83219215

传真：68276683　网址：www.jdcbs.cn

双峰印刷装订有限公司印刷、装订

各地新华书店经销

开本：850×1168 1/32　印张：7.5　彩页：4　字数：170 千字

2018 年 10 月第 2 版第 21 次印刷

印数：316 001～320 000 册　定价：23.00 元

再版前言

园林树木的嫁接是一项非常重要的无性繁殖技术。随着我国改革开放的发展，国内外优良品种的互相交换和引进日益频繁，采用嫁接技术引进和发展优良品种是主要手段之一。但是，我国在林木嫁接技术的研究和应用上，还是一个薄弱的环节，并且落后于果树嫁接技术的应用。应该把嫁接技术迅速普及到林木的发展之中，加速优良园林树木品种的引进、研究与发展，促进我国生态环境的优化。

笔者在以前编写《果树嫁接技术》、《植物无性繁殖实用技术》和《果树林木嫁接技术手册》的基础上，应广大读者的要求，撰写了《林木嫁接技术图解》一书。本书以图解方式深入浅出地说明各种林木嫁接技术，以方便林业、园艺工作者及广大农民掌握。

本书主要阐明了林木嫁接的意义，介绍了嫁接成活的原理和关键技术，还包括笔者亲自研究的嫁接过程中愈伤组织的形成条件，以及为了满足这些条件而采用的蜡封接穗的嫁接新技术和塑料薄膜在嫁接中的应用。实践证明，运用这些方法，可以克服以往对嫁接的神秘感，并能使初学者在嫁接实践中获得很高的成活率，而且可以基本上不受气候条件的影响，就可达到既省工又高效的良好效果。

本书自2009年6月出版以来，受到广大农民、园艺工作者的欢迎。此次修订，增加了顶端腹接法、愈伤组织的观察法及克服伤流液不良影响的嫁接方法，还增加了当前很有发展前景的重要经济林木，如山桐子、油茶、速生楸树、大刺皂荚、红花羊蹄甲、香花槐的具体嫁接技术。同时，配合内容的墨线图绘制得更加准确和清晰，对个别内容进行了修正，提高了质量。通过对愈伤组织形成过程的分析，对一些方法的优缺点进行了评论，可供读者参考。

诚恳地欢迎广大读者对本书不足和错误之处提出批评、指正和建议。愿与读者共同努力，提高我国林木、园艺生产水平，为把我国建设成碧水蓝天、林木繁茂、色彩斑斓、花团锦簇的美丽中国而共同奋斗。

编 著 者

目　录

一、什么是林木嫁接

嫁接是将一棵植株的一部分与另一棵植株的一部分结合起来，使两部分生长在一起，形成一个整体植株。在嫁接中，下面的部分叫砧木，通常形成根系；上面的部分称为接穗，通常形成树冠。

在嫁接时，接穗是枝条的，称为枝接；接穗是芽片的，即称芽接。图 1-1 是最常用的“T”字形芽接法，即将所需要发展的品种作接穗，取芽片嫁接在合适的砧木上。嫁接成活后，将砧木接口以上的地上部分剪除，砧木即成为嫁接树的根系，接穗芽萌发生长，形成人们需要发展的优良品种的树冠。图 1-2 是最常用的枝接法中的插皮接，即将所需要发展的品种作接穗，取一段接穗嫁接在合适的砧木上。嫁接成活后，砧木即成为嫁接树的根系，接穗萌发生长，形成人们需要的优良品种的树冠。

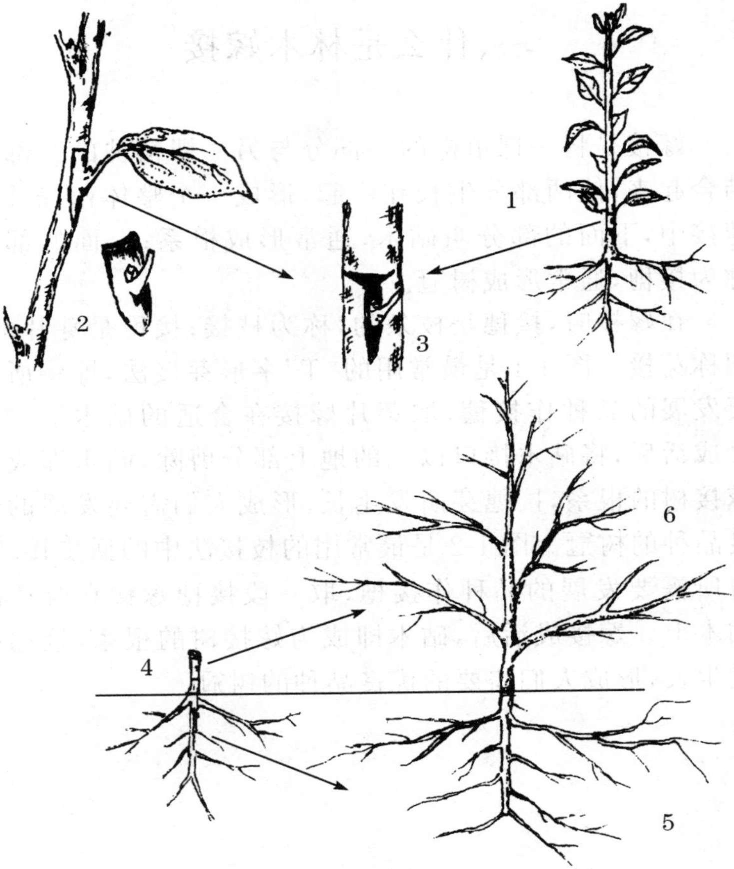

图 1-1　芽 接 法

1. 砧木　2. 接穗　3. 接穗的芽片嫁接在砧木上　4. 嫁接成活后将砧木地上部分剪除　5. 砧木长成新林木的根系　6. 接穗长成新林木的树冠

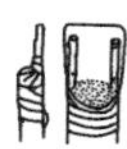

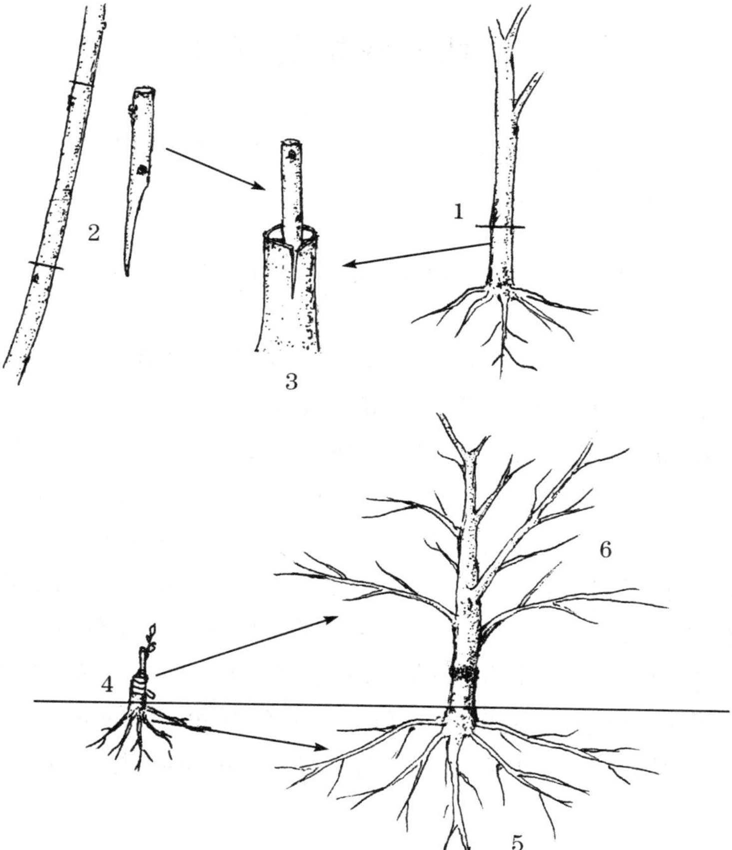

图 1-2　枝 接 法

1. 砧木　2. 接穗　3. 接穗一段枝条嫁接在砧木上　4. 嫁接成活后开始生长　5. 砧木形成树木的根系　6. 接穗生长形成新林木的树冠

二、林木嫁接的好处

培育优良的林木，经常需要用嫁接法，因为用嫁接繁殖具有以下几方面的优越性。

（一）保持和发展优良种性

用种子繁殖后代，一般不能保持母体的原有特性。因为很多林木是异花授粉植物，其种子是不同品种之间的花粉受精后形成的。这类种子具有父本和母本的双重遗传性，其后代性状会产生分离，就像兄弟姐妹长得不相同一样。例如，北方常用的园林美化树种榆叶梅，用种子繁殖的后代，在树形上，有的呈乔木或小乔木，有的呈灌木状；开花量有的很多，有的较少；在花朵上，有的大，有的小，有的是5个花瓣的单瓣花，有的是有很多花瓣的重瓣花；花色有的是白色，有的是浅粉红色，有的是深粉红色。因此，用种子繁殖就不能发展榆叶梅的优良品种（图2-1）。

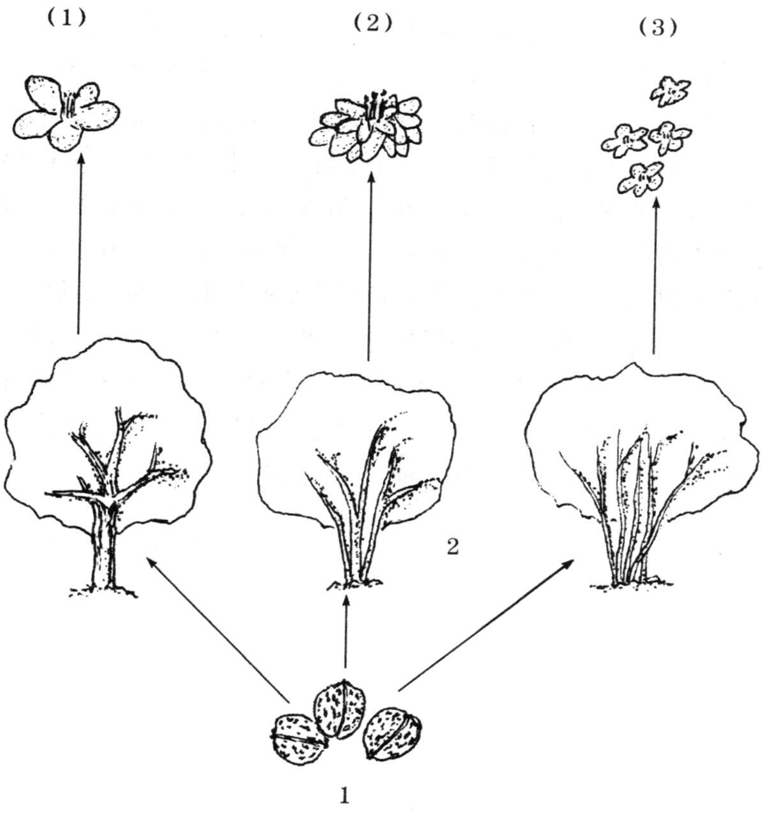

图 2-1　榆叶梅种子繁殖后代分离情况

1. 同一棵母树上采收的种子　2. 后代生长和开花有差异

(1)单瓣花花大　(2)重瓣花花大　(3)单瓣花小而多

为了保持母本的优良特性，比如要发展树形优美，开花早而多，花朵大，又是重瓣的类型，颜色呈较深的粉红色，花期长，美化效果好的榆叶梅，可以将这种优良单株上的芽或枝嫁接在有亲和力的砧木上，如嫁接在山桃上。由接穗生长出来的植株，因为是由母株的一部分生长而成的，所以具有和母本一样的优良遗传特性，因此保持整齐一致。这种表现一致的群体叫无性系。这种繁殖方法也叫无性繁殖，或者叫营养繁殖。通过营养繁殖可以将优良单株发展成优良品种，也可以加速优良品种的发展。

在林木的繁殖中，扦插繁殖和分株繁殖也属于营养繁殖类型，但是有不少林木扦插不容易生根，分株繁殖速度又非常缓慢。用嫁接繁殖可以克服以上缺点，是快速发展优良品种无性系的一种重要方法（图 2-2）。

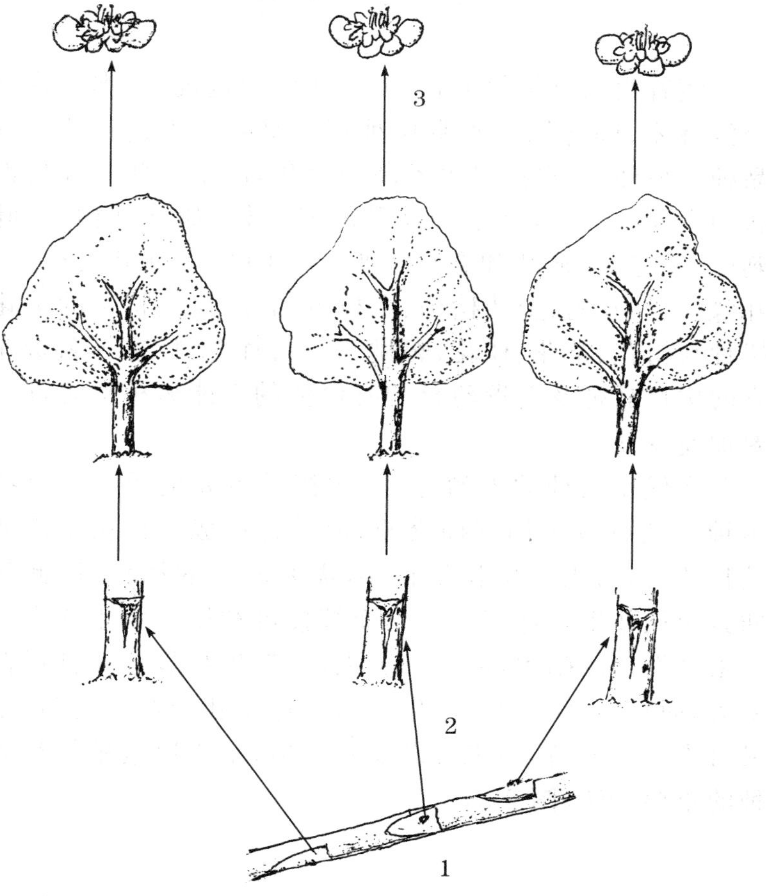

图 2-2　榆叶梅嫁接繁殖后代表现一致

1. 同一棵母树上的接穗　2. 分别嫁接在砧木上　3. 后代生长和开花表现一致

（二）加速优良品种的繁殖

随着我国对优化生态、美化环境的重视，木本花卉及经济林木、园林绿化观赏树种不断培育和引进新的优良品种。另外，在自然界也不断地变化，产生一些具优良性状的变异。例如，有不少品种的彩叶树，如金叶榆、金叶刺槐、红花槐、金叶和金枝国槐、紫叶梓树、红叶臭椿、金叶栾树、红叶杨、金叶桧柏、金枝侧柏等，这些特殊的美化树种与梅花、茶花、桂花、碧桃、海棠、月季、牡丹等名贵花卉的优良品种及名贵药材和有价值的新能源植物等都需要加速发展。

在优良品种的繁殖方面，嫁接是重要的手段。有些树种虽然可以采用扦插繁殖，但是扦插成一棵苗木需要较长的时间，当年生长量较小，需要较长的插穗，因此扦插繁殖往往生长速度较慢。而嫁接可利用1年生或多年生根系发达的砧木，由于砧木大，当年生长量远比扦插苗要大，而且一个芽就可以生长出一棵粗壮的苗木，其枝条又可进一步繁殖，一年可发展几十倍，是快速繁殖优良品种的重要方法（图2-3）。

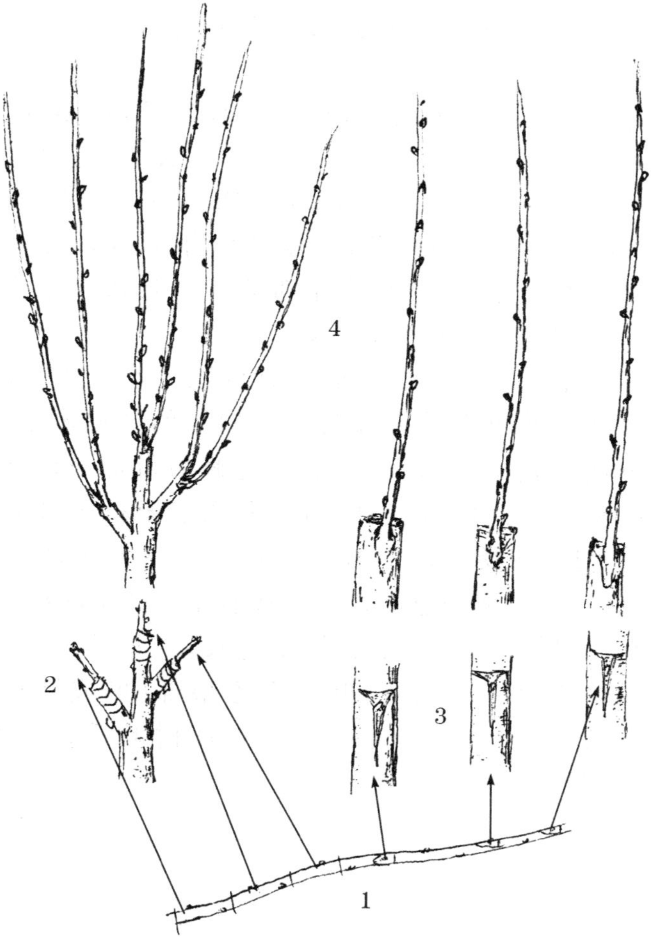

图 2-3　加速优良品种的繁殖

1. 优良品种枝条　2. 高接在较大砧木上　3. 芽接在砧木上
4. 嫁接成活后生长情况，繁殖速度 1 年 10 倍以上

(三)改变和美化树形

林木中有不少垂枝形,枝条下垂生长,树姿优美,这些垂枝形除垂柳等个别树种能自然生长外,大多数必须用嫁接的方法来繁殖。例如,龙爪槐、龙爪枣、垂枝榆、垂枝桑、垂枝碧桃、垂枝樱花、垂枝榆叶梅等,可将垂枝形的枝条高接在砧木上,而后向下垂直生长形成伞状半球形的树冠,姿态优美,可美化环境。

有些灌木通过嫁接可形成有树冠的小乔木,如冬青卫矛和扶芳藤可以嫁接在有明显树干的丝棉木上,可以形成下面有较高的树干,上面通过修剪可形成圆球形或其他形态各异、树姿优美的树。大花卫矛秋季红叶非常美观,也可以嫁接在丝棉木上。另外,丛生的月季可嫁接成树状月季,爬地柏也能嫁接形成有主干的伞状树冠。

有些树桩盆景,树干和枝条过长,叶片伸展过高,也可用嫁接法使枝干缩短,叶片靠近根部,形成矮小的紧凑奇特的树冠。总之,通过嫁接可使树形千姿百态,使大自然更加丰富多彩(图 2-4)。

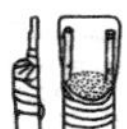

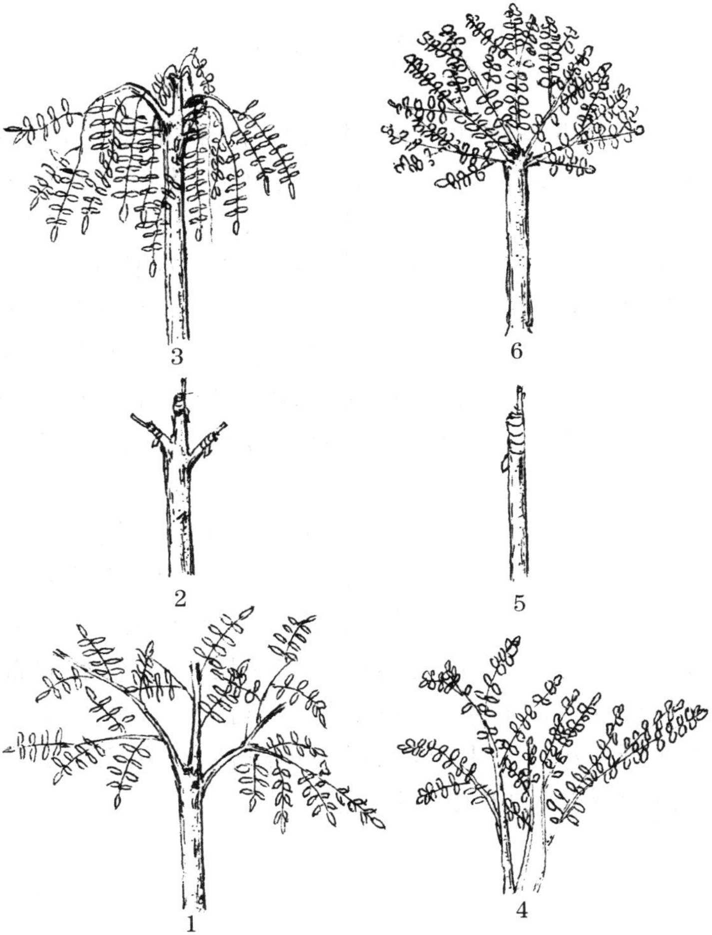

3

6

2

5

1

4

图 2-4　嫁接可改变和美化树形

1. 国槐　2. 高接龙爪槐接穗　3. 形成垂枝形龙爪槐　4. 冬青卫矛　5. 将冬青卫矛高接在丝棉木上　6. 生长成有主干的圆球形

（四）挽救垂危大树

一些名贵大树和古树，主要枝干，特别是根颈部位，受到病虫危害或兽害后，引起树皮腐烂，也有受机械人为损伤。如果不及时挽救，就可能造成大树死亡。对此，可利用桥接法，使上、下树皮重新接通，从而挽救病树。

另外，对于根系受伤或遭病虫鼠害，因地下部分的伤害而导致地上部分衰老。对这种日趋死亡的大树和古树，可以在其旁边另栽一棵砧木，把这棵砧木的枝干与衰老的大树或古树接起来，使新根代替衰老的根，从而增强树势恢复生长能力（图 2-5）。

除以上 4 个方面外，嫁接还可以使林木提早开花结果，提高观赏价值。通过高接换种，可以使品质差的林木，改造成花型大、花期长、观果期长的优良观赏林木。经济林木高接换种，可提高产量和品质。另外，优良品种嫁接在抗性强的砧木上，可以提高其抗性。例如，大叶桑嫁接在野生小叶桑上，可以提高抗旱性；桂花用流苏作砧木，可提高抗寒力和耐盐性等。

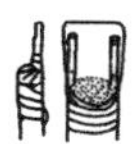

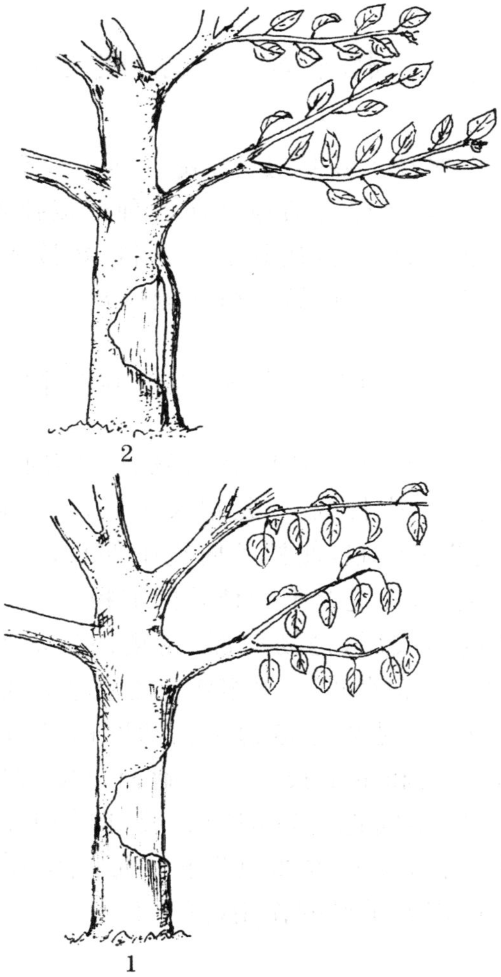

2

1

图 2-5　挽救垂危大树

1. 大树因为树皮腐烂而垂危　2. 桥接小树后挽救生命

三、林木嫁接成活的原理

为了掌握林木嫁接技术，就必须了解植物嫁接成活的原理。这样，才能灵活地掌握各种嫁接技术，并且不受不良气候条件的影响，达到省工省料、嫁接成活率和保存率双高的目的，而且使嫁接植株能良好地生长。

（一）形成层的部位和特性

林木的生长并不是所有植物体的细胞都在分裂生长，主要有 3 个生长区，一是根尖细胞，使根伸长，向地下生长；二是茎尖细胞，使枝条向空中伸长；三是形成层，使植株横向生长，促进茎干和枝条的加粗。

林木的形成层，是韧皮部（树皮的生活部分）与木质部之间的一层很薄的分生组织细胞，这层细胞具有很强的生活能力，也是高等植物生长活跃的部分。形成层细胞与根生长点和茎生长点的细胞相连接，在温度适宜的生长时期，能不断地进行细胞分裂，向外形成韧皮部，向内形成木质部，使林木加粗生长。形成层在林木嫁接的成活过程中起着重要的作用（图 3-1）。

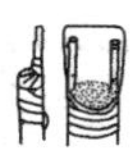

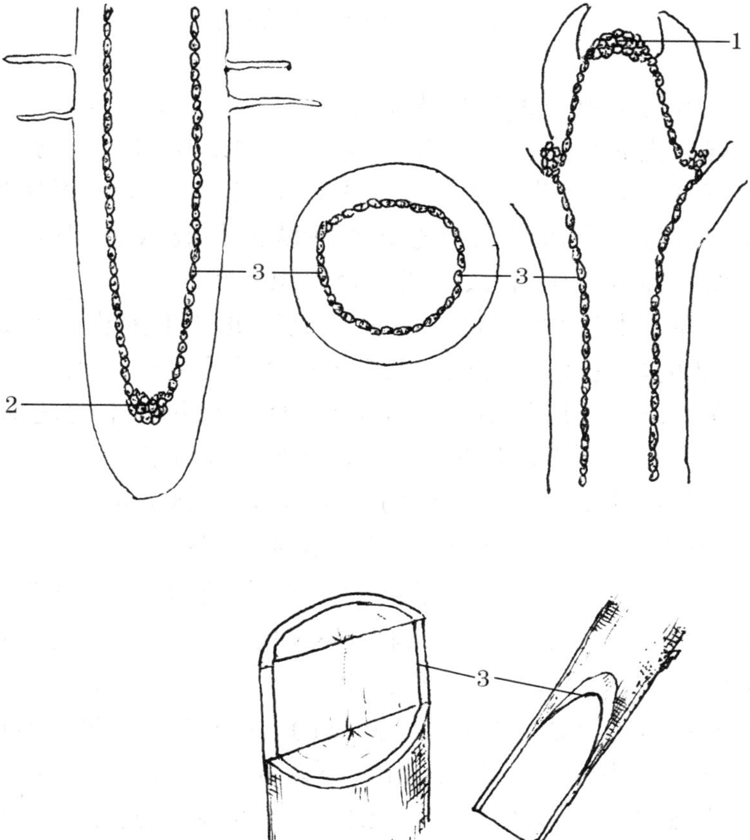

图 3-1　形成层的部位和特性

1. 茎尖生长点引起高生长　2. 根尖生长点引起根系伸长
3. 形成层使茎、枝条加粗生长

（二）愈伤组织的形成

愈伤组织是由伤口表面细胞分裂而形成的，是一团没有分化的细胞。从外表看，它是一团疏松的白色物质，表面不平滑，呈菜花状。在显微镜下观察，它是一团球形薄壁细胞。愈伤组织细胞处于活跃的分裂状态，对伤口起保护和愈合作用，故又叫愈合组织。

在木本植物中，伤口附近形成层处产生愈伤组织最多，活的韧皮部薄壁细胞也能形成少量的愈伤组织，木质部在远离形成层处不能形成愈伤组织，有些林木的髓部，只要是有生活力的组织，也能形成部分愈伤组织。

观察林木嫁接后伤口的变化，可以看到开始 2～3 天内，由于切削表面的细胞被破坏和死亡，形成一层浅褐色的隔离膜，有些单宁含量高的植物，褐色隔离膜更为明显。在合适的温度湿度条件下，嫁接 4～5 天，褐色层逐渐消失，7 天后产生少量愈伤组织，10 天后接穗形成层处的愈伤组织可达到最高数量。砧木愈伤组织前期并不比接穗生长快，但 10 天后，由于根系和叶片能不断供应营养，因此伤口的愈伤组织量比接穗多得多，促进了双方伤口的愈合（图 3-2）。

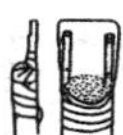

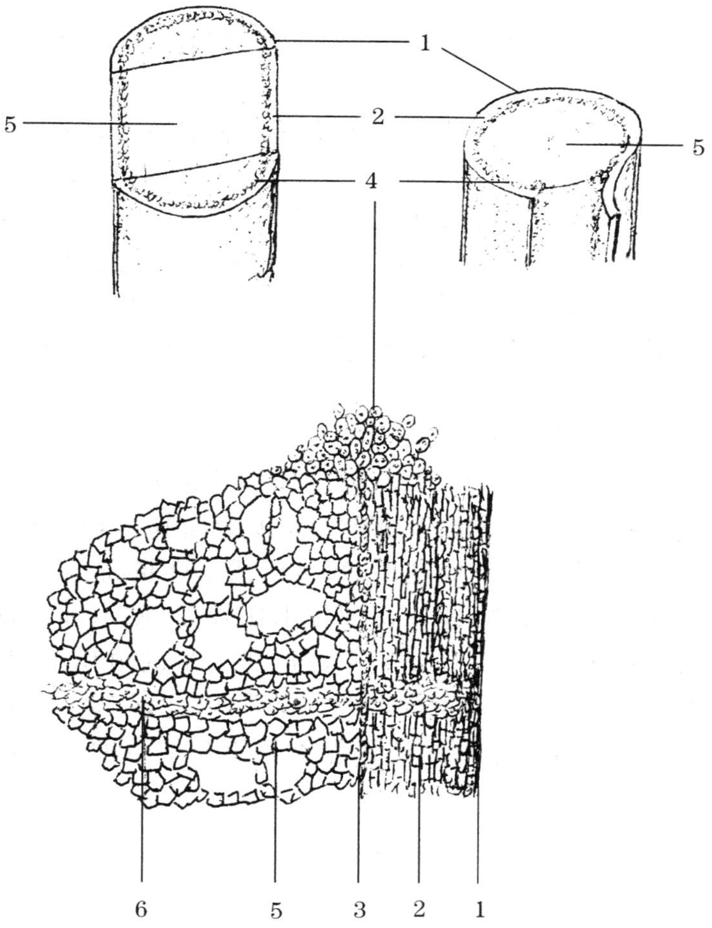

图 3-2　愈伤组织的形成

1. 表皮及皮层　2. 韧皮部　3. 形成层　4. 形成层产生愈伤组织　5. 木质部　6. 髓射线

（三）形成足够量的愈伤组织是嫁接成活的关键

在林木嫁接时，砧木和接穗双方总会有空隙，但是愈伤组织可以把空隙填满。当砧木愈伤组织和接穗愈伤组织连接后，由于细胞之间产生胞间连丝，使水分和营养物质可以初步得到沟通。此后，双方进一步分化出新的形成层，新的形成层与砧木、接穗的形成层互相连接，并能形成新的木质部和韧皮部，使砧木和接穗之间运输水分和养分的导管和筛管组织互相连接起来。这样，砧木的根系和接穗的枝芽便形成了一个新的整体。

从以上原理看来，无论采用什么嫁接方式，都必须使砧木和接穗的形成层互相接触，接触面越大，接触越紧密，双方愈伤组织形成越多，嫁接成活率就越高。

在嫁接实践中，即使切削技术比较差，砧木和接穗之间的空隙比较大，但只要能保证形成大量的愈伤组织，能将中间空隙填满，也可使嫁接成活。因此，笔者认为，嫁接成活的关键是砧木和接穗能否长出足够量的愈伤组织（图 3-3）。

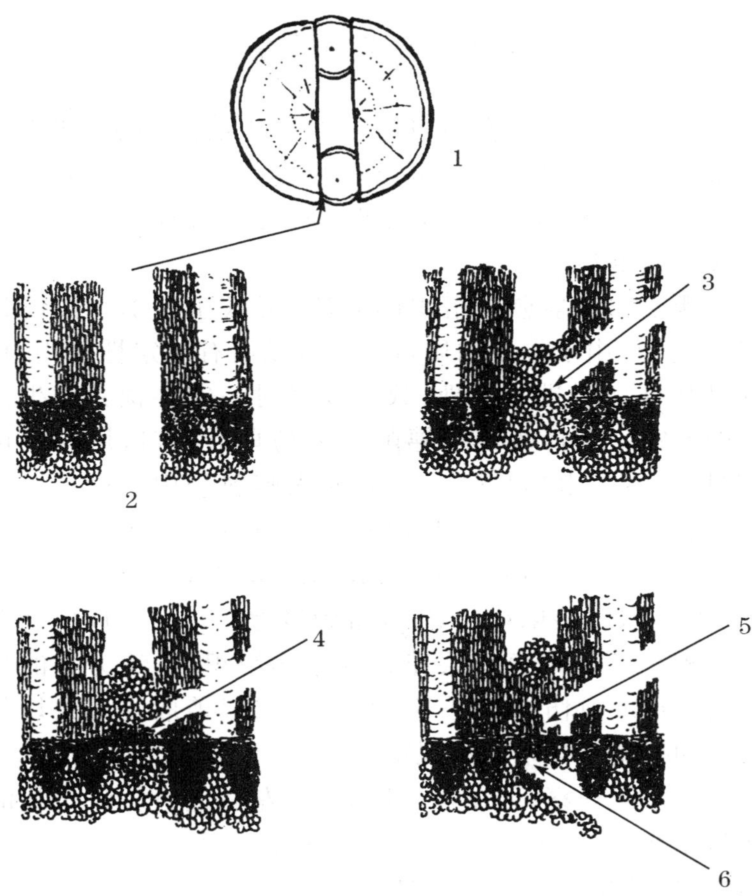

图 3-3 嫁接愈合过程的细胞学观察

1. 劈接时双方形成层相连接 2. 在显微镜下观察，接触面间有一定的空隙 3. 长出愈伤组织 4. 双方愈伤组织生长并相连接 5. 在砧木和接穗形成层连接处长出新的形成层 6. 新形成层细胞分裂，长出新的韧皮部和木质部

（四）愈伤组织的观察方法

形成足够量的愈伤组织是嫁接成活的关键，那么如何来观察愈伤组织呢？可以在嫁接前进行试验，来鉴定出接穗和砧木的生活力，也可以在嫁接过程中打开包扎直接进行观察。

测定和观察愈伤组织的方法，可以在春季嫁接前约 15 天进行，由于接穗的质量对嫁接成活有决定性作用，特别是从外地引进的接穗，数量较多时一定要预先做生活力的鉴定。先将各类接穗削一个马耳形伤口，用湿毛巾（要拧干不滴水）包起来，而后放入塑料袋中。也可以在塑料袋中放入接穗和潮湿（捏干不滴水）的锯末而后封口，放入 25℃的恒温箱中，或放在温室中或热炕上。12～15 天后，取出接穗观察，可以看到接穗伤口面形成层处会明显地生长出白色似菜花状的愈伤组织，生活力强的粗壮接穗形成愈伤组织更多。砧木也可以剪取其枝条切削伤口和接穗一样培养和观察。

在田间观察，可在嫁接后 20 天左右进行。将包扎的塑料条小心打开，可看到砧木和接穗从形成层处长出愈伤组织，以及双方愈合的情况。在砧木和接穗具有生活力的前提下，无论是枝接或芽接，双方的空隙都应该被白色的愈伤组织填满，这也是嫁接成活的标志（图 3-4）。

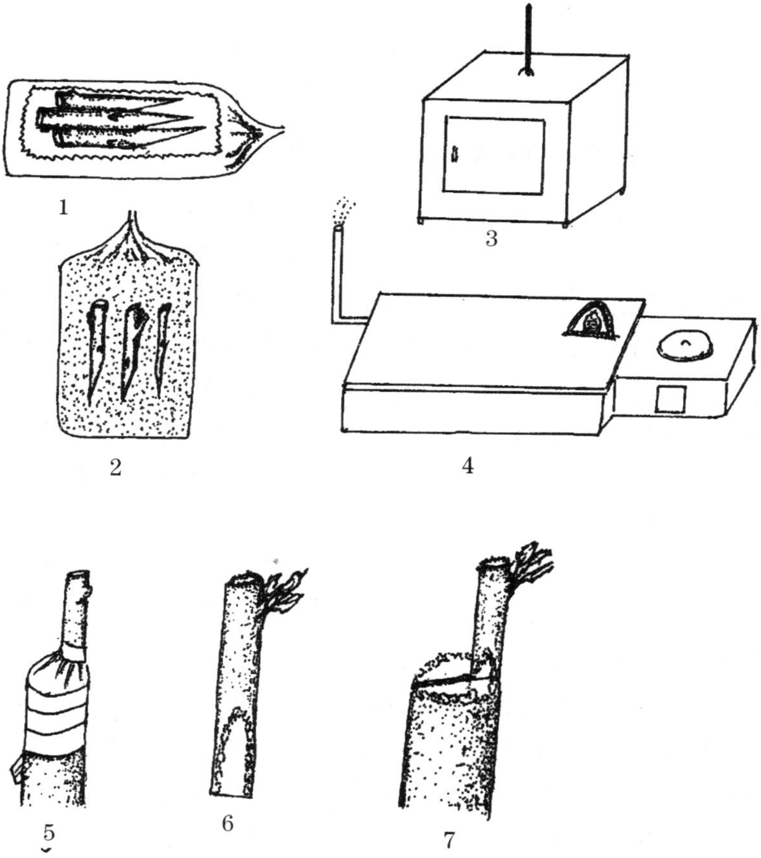

图 3-4　愈伤组织的观察方法

1. 将各种需观察愈伤组织的接穗削一斜面，用拧干的湿毛巾包起来再放在塑料袋中　2. 不用湿毛巾也可加入湿锯末等填充物　3. 在 25℃下培养 12 天　4. 在热土坑上 25℃左右也可以　5. 用蜡封接穗嫁接　6. 恒温箱中 12 天、热土坑 15 天、嫁接后 20 天观察到接穗愈伤组织　7. 砧木接穗愈合情况

(五)愈伤组织形成的条件

1. 砧木和接穗具有生活力

愈伤组织形成的内部条件是砧木和接穗具有生活力,生长势强,生长充实,枝条内积累的养分充足。例如,落叶树在落叶前无病虫危害,叶片完好,并且落叶比较晚,越冬前有充足的养分回收到根系和枝条内。这种枝条春季嫁接时,其伤口形成愈伤组织就多。生长期嫁接的砧木和接穗,同样要求生长健壮,无病虫害,特别是要求接穗生长充实,皮层较厚,能离皮。这说明形成层细胞活跃,愈伤组织容易形成。

砧木和接穗若过于细弱,或者受病虫危害,早期落叶,则形成愈伤组织少。特别是接穗如果在运输过程中失水过多或者已经抽干,或者接穗在高温、高湿的条件下贮藏,枝条上的芽已经膨大或萌发,严重者皮层已变质发褐,用这类枝条作接穗,则不能形成愈伤组织,嫁接也不能成活。这是非常重要的基本条件,不少情况下嫁接不活,就是由于接穗和砧木缺乏生活力所引起的。

生长期嫁接的接穗,最好现采现接,用新鲜接穗。春季采接穗后立即蜡封后放在冷窖内,而后在几天内接完。对于贮藏时间长的接穗要进行生活力的测定(图 3-5)。

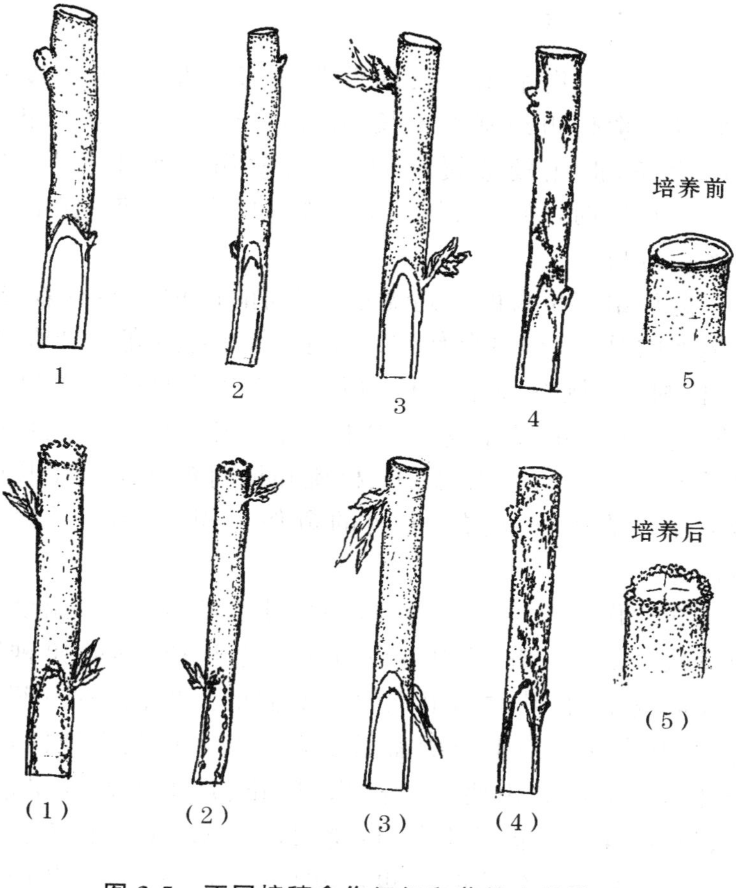

培养前

1　2　3　4　5

培养后

(1)　(2)　(3)　(4)　(5)

图 3-5　不同接穗愈伤组织和芽的生长情况

1. 粗壮接穗　(1)培养后形成层处生长大量愈伤组织，芽萌发
2. 细弱接穗　(2)形成愈伤组织较少，芽萌发
3. 芽已萌发的接穗　(3)芽萎蔫没有长愈伤组织
4. 树皮有黑斑的接穗　(4)黑斑扩大，芽不萌发，无愈伤组织

2. 温　度

温度是愈伤组织生长的重要外部条件，一般温度在10℃以下愈伤组织基本不长，在15℃～20℃时愈伤组织开始生长，但比较缓慢；25℃左右愈伤组织生长最快；30℃～40℃时，愈伤组织生长受阻；40℃以上时，愈伤组织停止生长。

愈伤组织生长的最适温度，不同的树种间亦有差异。据笔者的试验，杏树愈伤组织生长的最适温度在20℃左右，樱桃树、桃树和李子树愈伤组织生长的最适温度在23℃左右；梨树、苹果树、山楂树、石榴树愈伤组织生长的最适温度在25℃左右；栗子、核桃和柿树愈伤组织生长的最适温度在27℃左右；枣树的愈伤组织在30℃时生长最快。

在愈伤组织培养过程中，接穗芽也萌发，一般温度高萌发快。从以上情况中可以看出一个规律：落叶树种春季芽萌发早的，其愈伤组织生长所需的温度低一些；萌发晚的，其愈伤组织生长所需温度高一些。在北方地区，春季林木和果树如山桃、山杏、梅、樱花、月季等发芽早；海棠、碧桃、梨、苹果等其次；核桃、板栗、柿、枣等较晚。所以，春季嫁接的合适时期也应和以上所述的树种芽萌发次序相一致。

在林木生长期芽接，要避免温度过高，夏季高温达30℃以上，特别是在阳光直晒下不利于愈合（图3-6）。

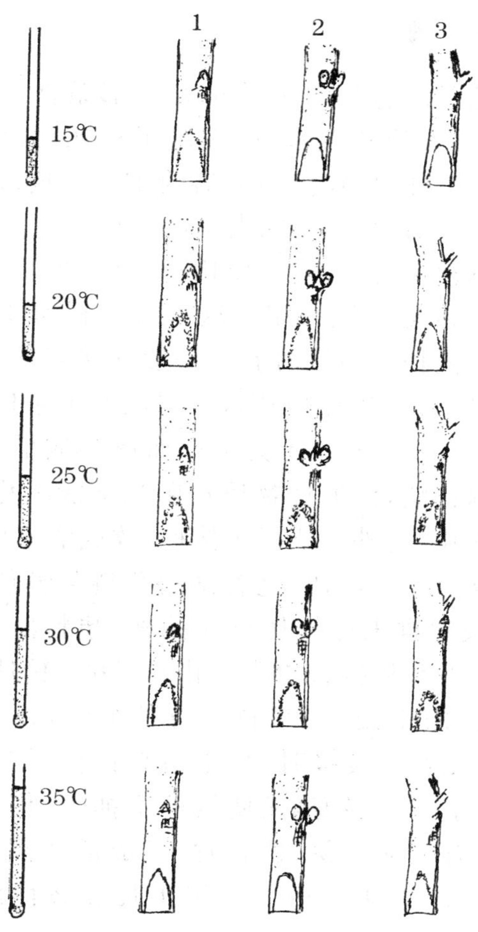

图 3-6 温度与愈伤组织生长的关系

1. 山杏 15℃少量生长，20℃生长最快，30℃以上停止生长 2. 碧桃 20℃明显生长，25℃生长最快，30℃以上停止生长 3. 枣 20℃开始生长，25℃～30℃生长最快，35℃停止生长

说明：在培养过程中接穗芽也萌发，一般温度高萌发快。

3. 湿　度

湿度是形成愈伤组织的重要外部条件，当接口周围干燥时，伤口大量蒸发水分，细胞干枯死亡，就不能形成愈伤组织。另外，从嫁接到成活约 15 天，这段时间内，要保持接穗的生活力，不能因失水而死亡。

在春季枝接时，以前主要用埋土法，即用湿润的土壤将嫁接口及接穗堆埋起来。这种方法很费工，堆土法不适用于高接换种。高接时农民一般在接口抹泥及用大型树叶（一般用槲树叶）围一圈，中间放湿土来保湿，但是遭遇大风干旱天气，接口还会干燥而影响成活。改进的方法是伤口抹接蜡，但油性物质在阳光下能融化，对伤口细胞有杀伤作用，另外不能保护接穗，故成活率也不稳定。

20 世纪 60 年代初，笔者试用塑料薄膜包扎接口，同时用湿土或湿锯末保护伤口和接穗，塑料薄膜能保持湿度，又能将砧木和接穗捆紧，用于芽接，不但可以保湿，还可以防止雨水浸入，塑料条有伸缩性，便于操作。进一步研究，在春季枝接时，采用蜡封接穗、结合塑料条捆绑，既保持了接口湿度，又使接穗不抽干，伤口愈合后接穗发芽，没有假活现象，达到省工、成活率高的目的。几种不同的保湿方法对愈伤组织生长和嫁接成活的关系如图 3-7。

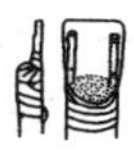

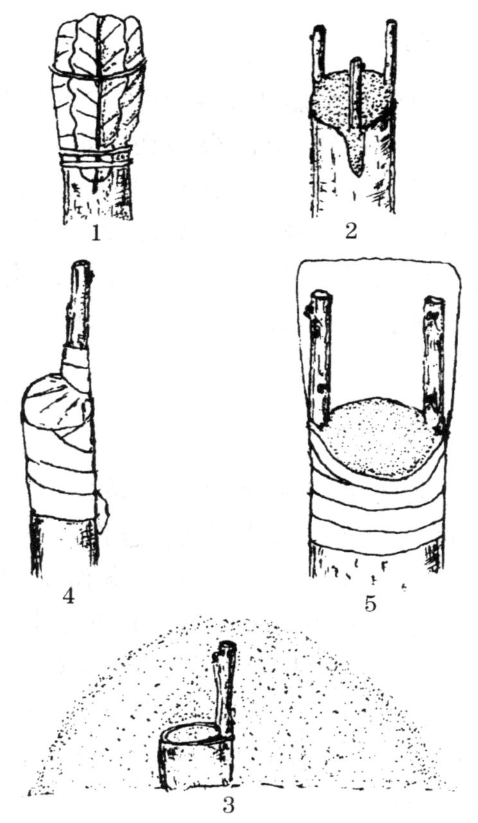

图 3-7　保持接口湿度的不同方法

1. 用槲树叶包扎，中间抹泥并放湿土。这种方法较费工，不能长期保持湿度，成活率低　2. 用接蜡涂抹伤口。采用这种方法，接穗容易抽干，嫁接成活率较低　3. 堆土堆。这种方法最费工。土堆小和土壤较干时，嫁接成活率低　4. 缠塑料条。这种方法最省工省料，但要结合进行接穗蜡封，嫁接成活率高　5. 套塑料袋。嫁接时接口抹泥后套塑料袋，能保持湿度，嫁接成活率高

4. 空　气

空气是植物组织细胞生活必不可少的条件。有些树种,在春季嫁接时伤口能流出很多伤流液,使伤口湿度过大,影响通气,即影响愈伤组织的生长。生长期在雨水多时嫁接,接口积水,也影响嫁接成活,说明空气也是生长愈伤组织的必要条件。但是需要空气量并不很多,一般用塑料条或塑料袋包扎,并不会完全隔绝空气,愈伤组织就能正常生长。

5. 黑　暗

黑暗不是愈伤组织形成的必要条件,但也是影响愈伤组织生长的因素之一。据观察,愈伤组织在黑暗中生长比在光照下生长要快 3 倍以上。愈伤组织又白又嫩,愈合能力强。在光照下,特别是强光下生长的愈伤组织易老化,甚至还能形成绿色的组织,影响双方的愈合。在显微镜下观察:在黑暗下生长的愈伤组织细胞较大,排列疏松,处于分裂状态的细胞很多;在光照下生长的愈伤组织细胞较小,排列紧密,处于分裂状态的细胞较少。

必须说明的是,嫁接时,砧木和接穗愈合主要不在表面。如果嫁接技术较好,双方伤口接合严密,连接部位一般都处于黑暗的条件下,芽接的形成层接触面都处于黑暗状态,所以一般嫁接切削后,可直接用塑料条或塑料袋包扎,不必要在伤口摸泥或加填充物来挡光。当然,如果枝接时用黑色塑料薄膜包扎效果会更好(图 3-8)。

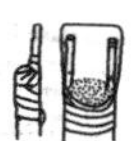

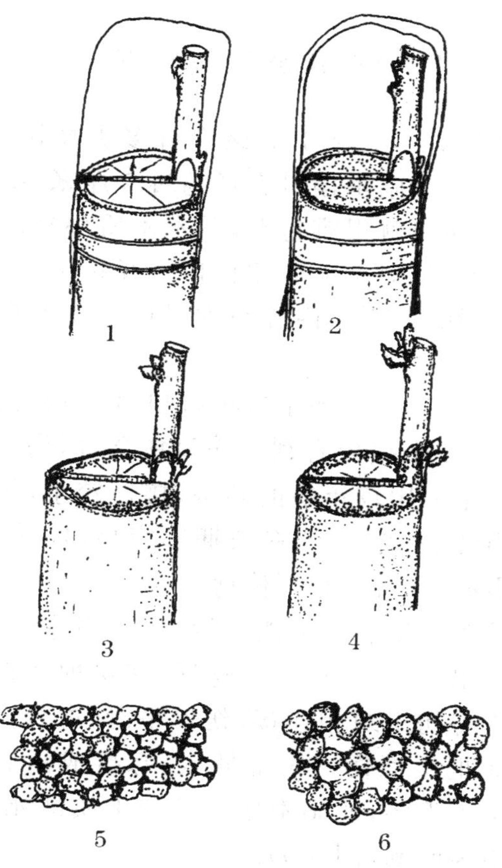

图 3-8 黑暗对愈伤组织生长的影响

1. 劈接后套透明的塑料袋伤口处于光照下 2. 劈接后套两层黑色塑料袋 3. 20 天后，光照下的伤口处形成层长出少量愈伤组织 4. 黑暗条件下形成层长出大量愈伤组织 5. 光照下长出的愈伤组织细胞较小，排列紧密 6. 黑暗下长出的愈伤组织细胞大，近圆形排列疏松

（六）嫁接后的伤口愈合

春季枝接对于大砧木应该进行多头高接，要注意接口不能过大，一般砧木接口直径超过 5 厘米，接穗和砧木嫁接成活后，接口就很难包严，砧木木质部易形成死组织引起腐烂。所以，对于大砧木接口直径在 2～4 厘米为合适，必须增加嫁接头数，内膛空虚时可用皮下腹接法补充枝条。

对于很大的砧木，为了避免接口过高和较大时，每个接头可接 2～4 个接穗有利于伤口愈合，但伤口包扎比较困难。最好是采用较年幼的砧木，接口较小，每个接口插 1 个接穗，用蜡封接穗、塑料条捆绑容易，嫁接速度快，成活后愈合良好，也容易整形修剪。

在嫁接时接穗插入不能过深，要适当露白，即切削的伤口面要露出 0.5～1 厘米。这样，使接穗伤口面的愈伤组织和砧木愈伤组织相连接，伤口平滑，愈合牢固。如果不“露白”而把接穗伤口全部插入，嫁接成活后会在接口下部长一个大疙瘩，使砧木接口部分木质部死亡，愈合不牢固容易被风吹断（图 3-9）。

芽接成活后，接芽上部砧木不宜留得过长，一般留 1 厘米长，伤口能很快愈合。

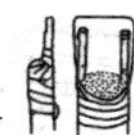

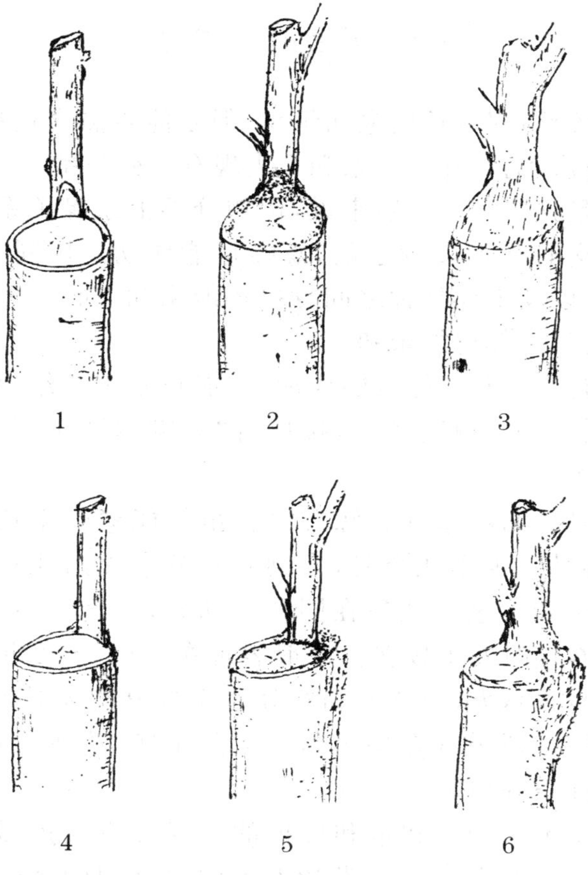

1　　2　　3

4　　5　　6

图 3-9　接穗露白对嫁接成活后接口的影响

1. 接穗露白　2. 当年愈合情况　3. 2 年后接口包严　4. 接穗全部插入不露白　5. 当年愈合情况　6. 2 年后接口形成一个疙瘩

（七）嫁接的亲和力

嫁接后，双方长出愈伤组织，但是能否愈合还决定于砧木和接穗的亲和力。亲和力表现有 4 种类型。

一是强亲和。一般来说，植物分类上亲缘关系近的，有性杂交时能形成种子的，嫁接也能成功。用同一品种的本砧，以及不同品种之间嫁接都能亲和，同一属不同种之间嫁接，大都也能亲和。

二是半亲和。嫁接能成活，并能正常生长结果，但往往生长势较差，树冠矮小，接口有“大脚”或“小脚”现象，寿命较短。

三是后期不亲和。嫁接组合虽然能愈合生长，但经过一段时期，少则几个月，多则几年就会逐渐死亡，这叫后期不亲和。这种现象在同科不同属，亲缘关系较远的植物间嫁接时发生较多。一般表现在接后 1～2 年，接口处疙瘩越长越大，使营养和水分运输组织连接不畅，有的伤口流胶。还表现在砧木萌蘖去除不净，造成嫁接树冬季干梢抽条等现象。

四是不亲和。砧木和接穗的亲缘关系太远，嫁接不能成活。一般在植物分类学上不同科之间的植物，其染色体数不一样，遗传基因有明显差异，嫁接都不能成活。有些古书上记载的柿树能接桃，桑能接梅和梨，枣接葡萄等都属误传，实际上是不亲和的（图 3-10）。

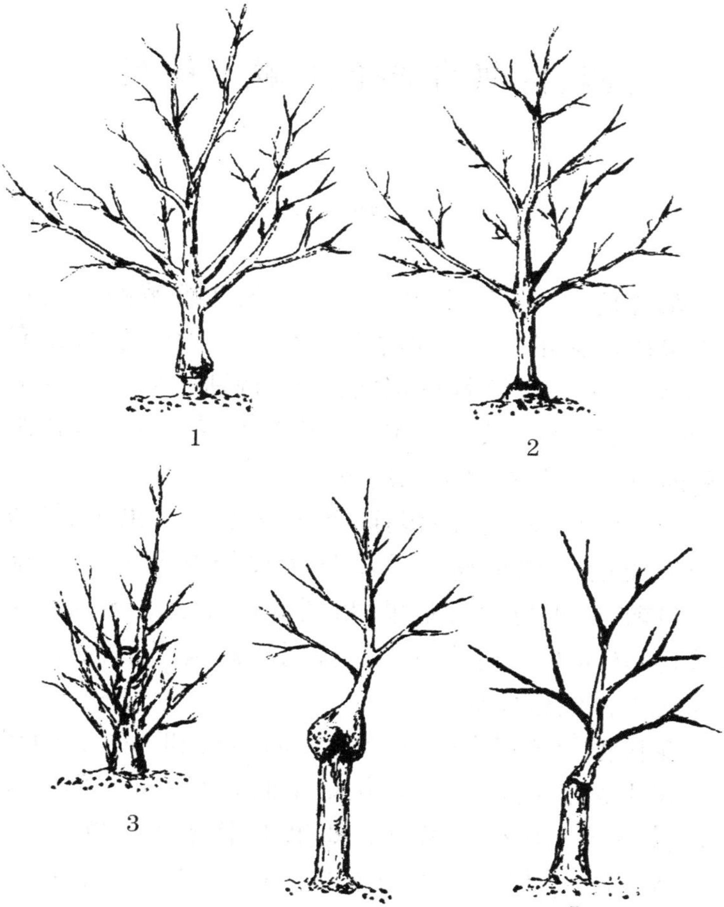

图 3-10　嫁接亲和力较差及后期不亲和现象

1. 接口形成“小脚”　2. 接口形成“大脚”　3. 萌蘖除不净，嫁接成活后逐渐死亡　4. 接口发黑腐烂，嫁接树最后死亡　5. 嫁接树冬季干梢抽条，逐步死亡

四、接穗的选择、贮藏与蜡封

(一)接穗的选择

嫁接是一种无性繁殖的方式。无性繁殖的主要优点是能保持母体的特性,同时发展很快。无性繁殖也有缺点,主要是工作不慎就可把病虫害,特别是病毒一类的病害,通过无性繁殖传给后代,并传播很快。因此,在采集接穗时首先要严格挑选无病枝条。

为了防止病虫害的传播,要选择不带病虫害、健康的丰产优质的采穗母树。采穗母树要经几年观察才能确定。目前,在果树上对苹果、柑橘等已经建立无病毒繁殖体系,而林木上研究较少。要特别注意选择采穗母树,保证嫁接工作健康发展。

在接穗的选择上要注意采集的树龄和部位。幼树和成龄树上徒长枝嫁接后开花结果晚,成龄树上部的发育枝,生长健壮,开花结果早。如果采带花芽的枝作接穗,开花结果最早,但是这类枝条往往比较细弱,嫁接后生长愈伤组织少,嫁接成活率较低。

总之,接穗质量非常重要,要在健壮的树上采生长充实、健壮的枝条,芽要饱满,最好随采随接,必要时要把接穗贮藏起来,嫁接时绝不能用已经发芽的接穗(图 4-1)。

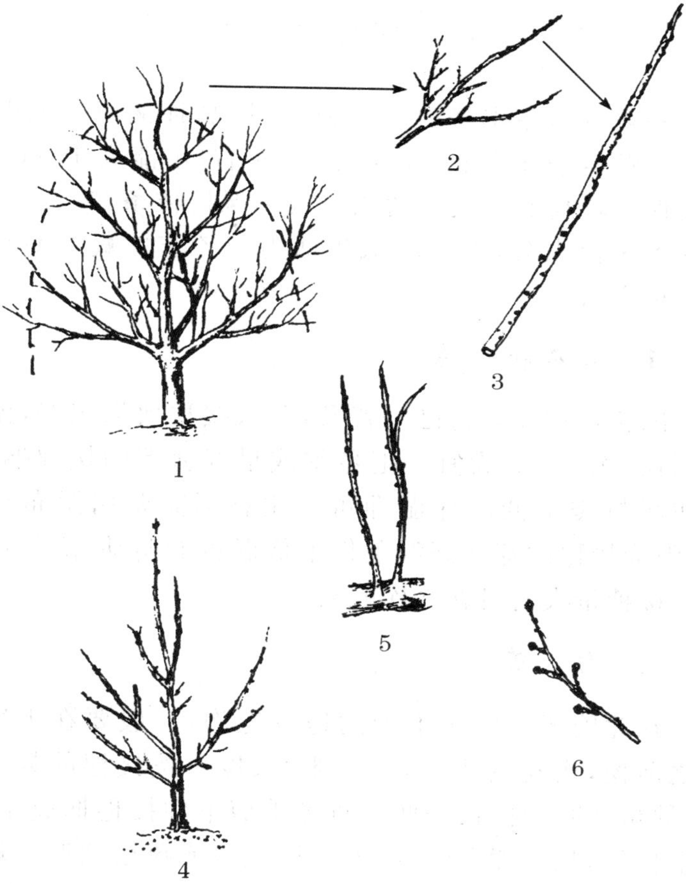

图 4-1　选用接穗的部位

1. 成龄优质丰产健壮果树　2. 采用外围枝作接穗　3. 外围充实的发育枝可以作接穗　4. 幼树上的枝条不宜作接穗　5. 成龄树下部徒长枝不宜作接穗　6. 必要时采用开花枝作接穗，当年可开花结果，但生长较弱，故一般不采用

（二）接穗的贮藏

一般可用冬季修剪下的枝条，按品种捆成小捆贮藏起来。贮藏条件要求温度（在 0℃左右）不能高于 5℃，并且要保持较高的湿度和适当通气。保持枝条在低温下休眠并不失掉水分，不会降低生活力。冬季贮藏主要有以下 2 种方法。

1. 冰箱和冷库

冰箱现在在农村已经普及，贮藏接穗效果很好，温度控制在 0℃～3℃为宜。把冬季或早春剪下的接穗捆好，放在塑料袋中低温保湿即可。注意不需要用湿布包起来，因为接穗的芽在高湿条件下低温也能萌动，降低成活率。接穗量大时可在冷库贮藏。

2. 沟　藏

在北墙下太阳照不到的地方挖沟，一般要在土壤冻结之前挖，沟宽约 1 米，深 1 米，长度可按接穗的数量而定，数量多时则挖长一些。将冬季剪下的接穗捆成小捆，挂上标签，顺序埋在沟内，上面用湿沙或疏松潮湿土埋起来。要注意不能埋完接穗后灌水，以免湿度过大而霉烂。沟藏时前期浅埋土，让冷空气进入沟内，早春再深埋土，防止热空气进入，以保持低温。

远距离邮寄时，以天气最冷时为好，接穗周围填充苔藓植物保湿，并要用快件邮寄（图 4-2）。

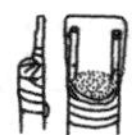

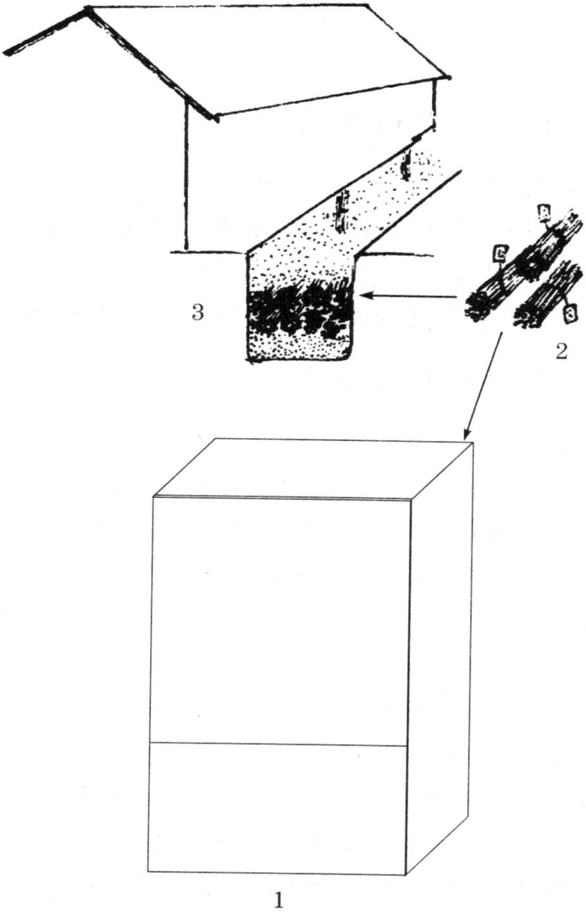

3

2

1

图 4-2　休眠期接穗的贮藏

1. 冰箱冷藏　2. 按品种捆好接穗，挂上标签　3. 在贮藏沟内贮放接穗

（三）接穗的蜡封

1. 接穗蜡封的意义

从嫁接到砧木接穗双方愈合一般需要15天以上的时间，这段时期接穗得不到砧木水分和养分的供应，必须保持接穗的湿度。接穗蜡封能有效地保持湿度，使接穗保持生活力，是提高春季枝接成活率的重要措施。

2. 接穗蜡封的方法

将市场销售的工业石蜡切成小块，放入铁锅或铝锅中，然后加热至熔化。把接穗用枝剪剪成10～15厘米长，顶端保留饱满芽的小段。当石蜡温度达到100℃左右时，手拿接穗，将接穗的一半放入熔化的石蜡中蘸一下，立即拿出来，再将接穗倒过来将另一半蘸蜡后立即取出，使整个接穗都蒙上一层均匀的薄而光亮的石蜡层（图4-3）。

试验证明，把接穗置于120℃温度下3秒钟，接穗生命力仍不受影响。而在实际操作时，接穗在石蜡液中的时间不会超过1秒钟。甚至在150℃温度下，只要操作迅速，也不影响接穗正常萌发。在蜡封接穗时，有些人顾虑接穗会被烫死，所以当石蜡加热熔化后立即进行蘸蜡，这是错误的。温度低时封蜡层太厚，耗蜡量大，成本高，而且所封蜡层容易产生裂缝而脱落，影响蜡封效果。蜡封后的接穗应立即散放到室外低温处进行散热，若堆放在一起，石蜡温度不能立即下降，会烫坏接穗。

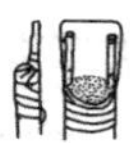

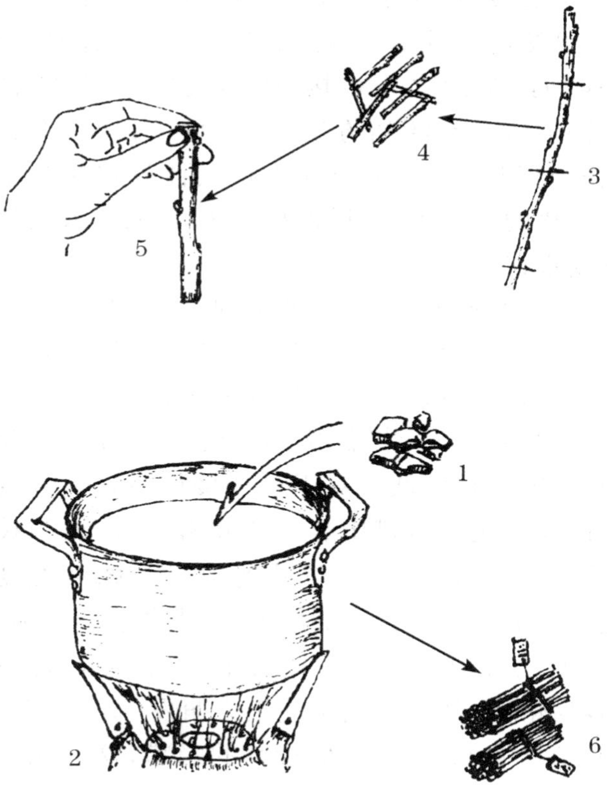

图 4-3　蜡封接穗过程

1. 将工业用石蜡放入锅内　2. 把石蜡加温到 100℃以上　3. 取出冬季贮藏的接穗或刚剪下的休眠枝　4. 将接穗剪成嫁接时需要的长度，顶端要留饱满芽　5. 手拿接穗放入锅内，蘸蜡后很快取出　6. 蜡封好的接穗准备嫁接用蜡封接穗所用的容器及蘸蜡的方法，与接穗的数量有关。如果接穗数量不多，可用易拉罐等小容器；若大面积高接换种或苗圃春季枝接，接穗数量很多，则容器要大，如用铁锅等。在蘸蜡方法上，当数量大时，不必一根一根操作，可以将十几根或几十根接穗放在捞饺子的漏勺中，从熔化的石蜡中一过，即捞起来，1 天 1 人能蜡封几万根，速度很快。

为了掌握好温度，在大量蜡封时，一定要用温度计测量，石蜡温度最好控制在 100℃左右。也有人为了保持 100℃的温度，在石蜡中加些水，这种方法并不好，因为蜡中有水易发生爆炸声，接穗蘸到水时反而容易烫死。另外，100℃温度还是偏低。对于少量接穗蜡封买温度计不合算，可以在熔化的石蜡中放一段新鲜的枝条，当枝条在蜡液中冒出气泡时，说明温度已到 100℃，蜡液温度再上升，冒泡速度加快，这时可以蜡封，同时改用小火加热，以使蜡封温度比较稳定。蜡封接穗不宜用蜂蜡，它在阳光直晒下容易熔化，甚至影响芽的正常萌发(图 4-4)。

有些地区在石蜡中加入 10%的蜂蜡，这样比例小是可以的。还有些地区交通不便，买不到成块的石蜡，用蜡烛代替也是可以的，但要用白蜡烛，不要用红蜡烛，红蜡烛中有些成分会影响接穗芽的萌发。

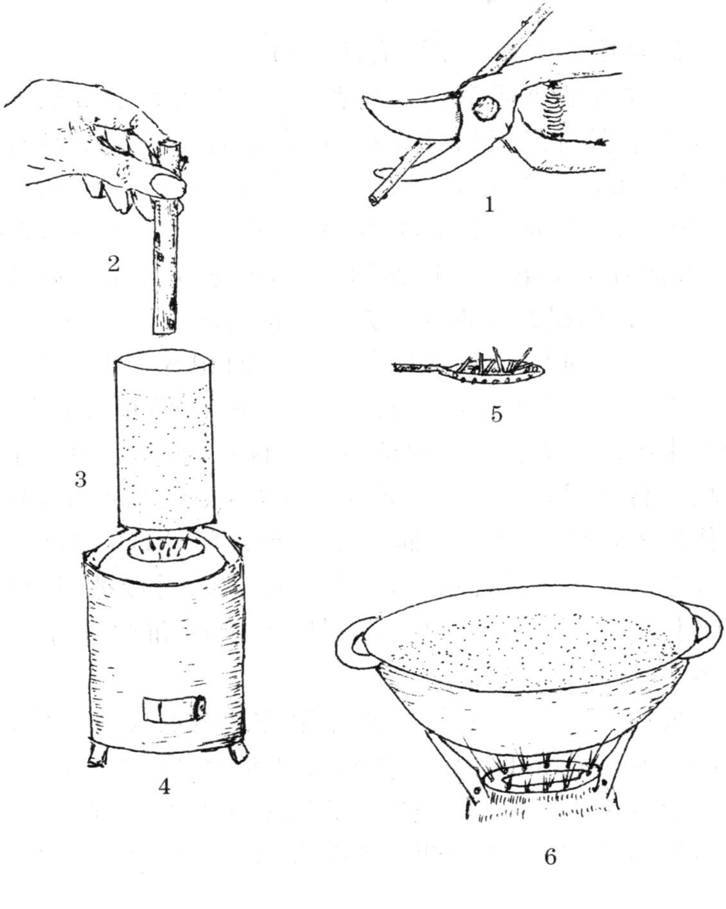

图 4-4　少量接穗和大量接穗蜡封情况

1. 剪取接穗　2. 少量接穗蘸蜡　3. 用小罐头盒熔化石蜡
4. 小炉子　5. 大量接穗用漏勺蘸蜡　6. 用大锅熔化石蜡

3. 蜡封接穗的效果

蜡封接穗的优点主要有两方面。

一方面是成活率高。笔者 1992 年在北京市顺义马坡乡毛家营村果园指导嫁接,将老品种改造成新品种果园,均采用蜡封接穗嫁接法。共接 12 500 个头,成活了 12 498个头,只死了 2 个,成活率为 99.98%。需要说明的是,参加者全是第一次操作的新手,能够获得这样高的成活率,也说明蜡封接穗嫁接技术的优越性。

另一方面是省工。在生产上大面积嫁接时,省工是非常重要的。3 种方法相比较:一是接后堆土保湿法,一个技术熟练的农民 1 天只能接 100 棵;二是用手巾大小的一块塑料薄膜,将伤口上部围成筒状,中间放湿土,基部盖住接穗,只露出顶芽,而后用大头针将圆筒口封住,用这种方法 1 人 1 天能接 250 棵;三是用蜡封接穗,塑料条捆绑伤口,1 人 1 天能接 800 棵,其速度和苗圃芽接差不多。

采用以上 3 种嫁接后的保湿方法各接 1 000 株,所用砧木和接穗条件相同,从嫁接成活率看,堆土法嫁接成活率为 81.5%,用塑料薄膜封闭包扎嫁接成活率为 90.1%,用蜡封接穗及塑料条捆绑,嫁接成活率为 99.2%(图 4-5)。

蜡封接穗如果数量大,要保存在低温高湿的条件下,随取随用,以免蜡封接穗降低生活力。

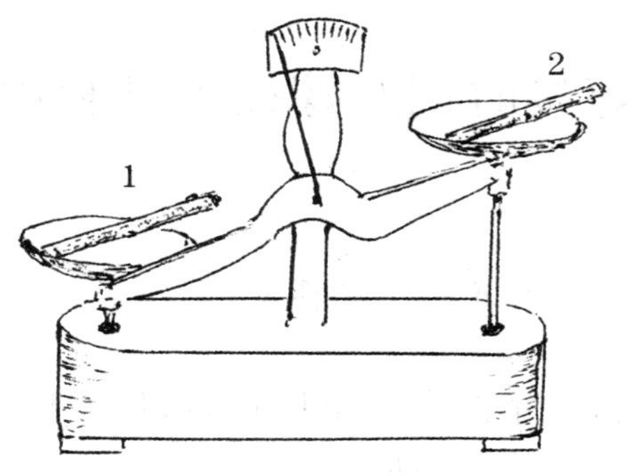

嫁接方法	嫁接 1 000 株用工量				成活率
	嫁 接	蜡 封	接后管理	合 计	
3	1.25	0.25	0.5	2.0	99.2%
4	2.5	0	2	4.5	90.1%
5	10	0	5	15	81.5%

图 4-5　蜡封接穗的效果

1. 2 个同样重量的接穗蜡封能防止蒸发，重量大　2. 不蜡封接穗失水减重　3. 蜡封接穗嫁接省工，成活率高　4. 用塑料袋保湿　5. 用堆土法保湿费工，成活率较低

五、嫁接时期及嫁接工具和用品

（一）嫁接时期

林木嫁接，一年四季都可以进行，但不同时期嫁接的目的不同，嫁接方法也不同。

一是春季嫁接。林木高接换种，主要在春季嫁接，育苗嫁接也常在春季进行。采用枝接法。嫁接时期对落叶树种最好在砧木芽开始萌发时进行，常绿树在新芽开始萌发生长时进行。这时气温转暖，树液流动，愈伤组织容易形成和生长，嫁接成活率高。但是接穗不能萌动，因此接穗必须冷藏起来，一般可提早 15 天采穗、蜡封和冷藏，达到适时嫁接。

二是夏季嫁接。一般用于育苗。在当年生长出的新梢上嫁接，采用芽接法，接后能发芽，达到当年育砧木苗，当年嫁接，当年成苗。

三是秋季嫁接。大多数嫁接苗木都是秋季嫁接，采用芽接法，当年不萌发。多头高接换种也可在分枝上芽接，接后不萌发，到翌年剪砧，接穗萌发后生长旺盛。

四是冬季嫁接。将砧木和接穗离体在室内嫁接，接后在温室内生长，可利用冬闲延长生长期，到春季再从温室移栽到大田（图 5-1）。

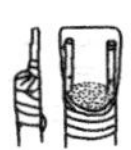

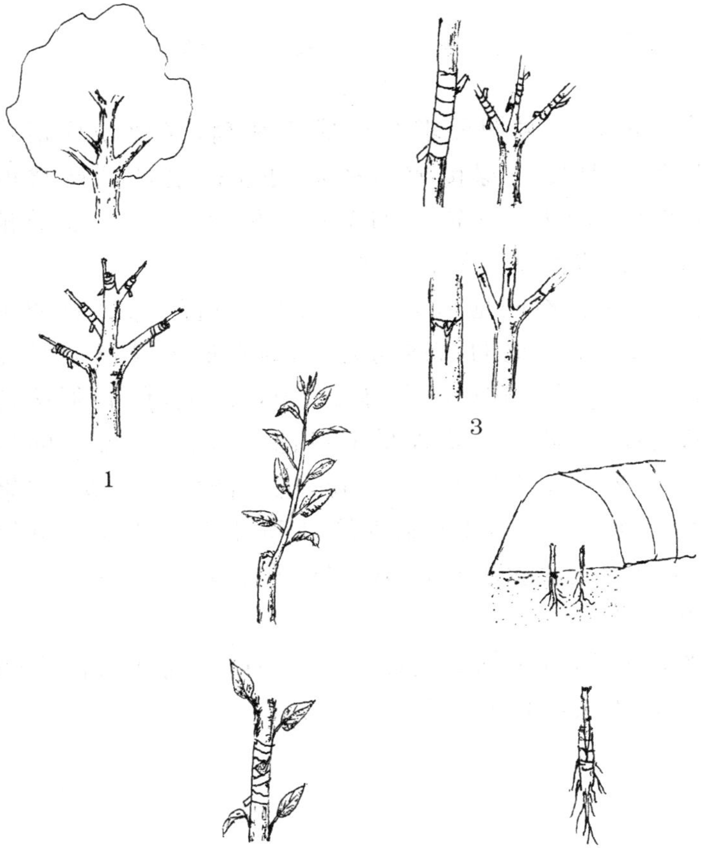

图 5-1　不同嫁接时期

1. 春季：主要进行多头高接，改良品种，当年能长成圆满的树冠
2. 夏季：主要用于育苗，达到当年嫁接，当年成苗
3. 秋季：主要用于育苗和改换品种，接芽当年不萌发，到翌年萌发生长
4. 冬季：进行室内嫁接，而后在温室或塑料大棚育苗

(二)嫁接时期对成活与生长的影响

合适的嫁接时期要求嫁接成活率高,又要使成活后生长良好。要提高嫁接成活率需要选择最佳的嫁接时期,从愈伤组织生长所需要的温度条件看出,对大多数植物 25℃左右的温度是最合适的。

春季枝接,不同地区和不同树种合适的嫁接时期不同,最好以观察当地的物候期为准,即在砧木芽已萌发而没有展叶时嫁接。这时气温能到 20℃以上,但必须接穗芽尚未萌动,因此一定要提早采接穗,且贮藏在湿冷的环境下,到砧木芽萌发时嫁接。但是也不能嫁接过晚,如果到砧木展叶后嫁接,由于砧木展叶和开花已消耗大量储藏养分,嫁接成活后生长量小,因此在砧木芽萌发时嫁接为宜(图 5-2)。

秋季芽接,日平均温度以 25℃为宜,要防止太阳直晒接芽,砧木不去叶可起到荫蔽的作用。

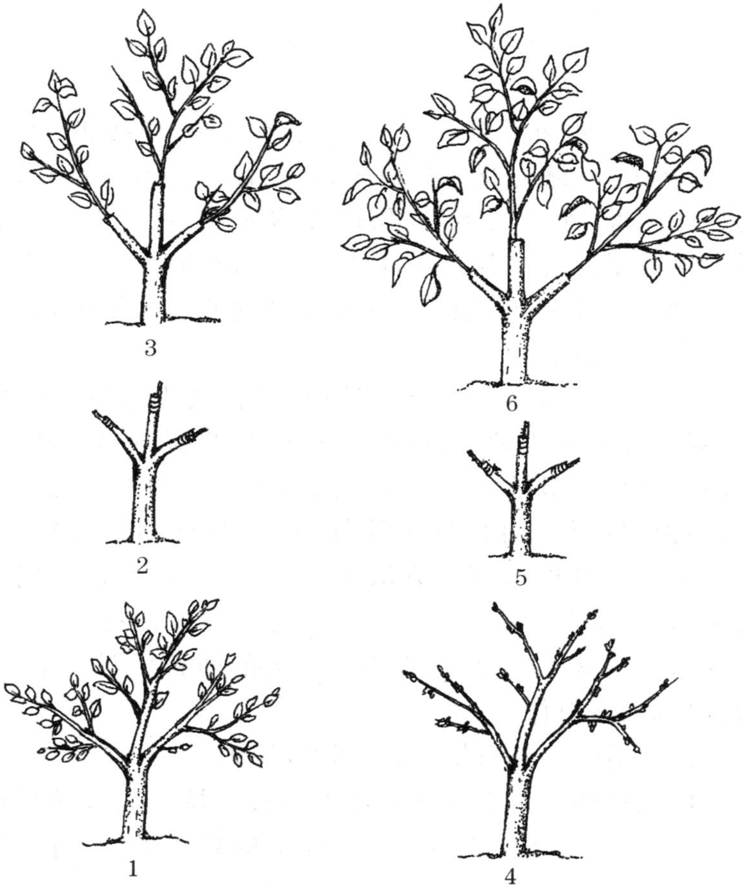

图 5-2　不同嫁接时期对生长量的影响

1. 嫁接时期在砧木展叶后　2. 用展叶砧木进行多头高接　3. 嫁接成活后生长量比较小　4. 嫁接时期在砧木发芽期　5. 在砧木发芽期进行多头高接　6. 嫁接成活后生长量大

（三）嫁接工具和用品

一是刀具和手锯。刀具包括芽接刀、切接刀、电工刀、劈接刀、小镰刀及剪枝剪等，要求锋利。刀不锋利，不但操作困难，而且削不平，伤口细胞死亡多，影响嫁接成活。手锯锯齿要左右分开，以防夹锯，影响操作。对于粗壮接穗及木质硬的接穗可以放在自制的切削槽内，比较省力和容易削平。

二是塑料薄膜。不能用破损、老化失去弹性和拉力的薄膜，必须选用伸缩性好、不易拉断的新薄膜。例如，洛阳三虹化工塑料厂专门生产的用于嫁接的聚氯乙烯薄膜，不但弹性好，而且自粘性好，可不必打扣即能粘上。塑料条的宽度根据嫁接方法而定。例如，春季枝接用塑料条，宽度要剪成砧木直径的 1.5 倍，保证把接口包严。盆栽植物在盆中嫁接后，宜用一个大的塑料袋罩起来，可起到保湿、增温作用。

三是熔蜡锅和石蜡。为蜡封接穗用。

四是接蜡。对于大砧木皮下腹接及桥接法等接口适宜抹接蜡。配制方法：松香 4 份＋蜂蜡 2 份＋动物油 1 份。

制作时，先熔化动物油，然后加入蜂蜡，完全融合后再加入松香，将熔化的混合液倒入冷水中，取出用手捏并做成小球，用塑料薄膜包裹，用时如同橡皮泥样堵在接口外边（图 5-3）。

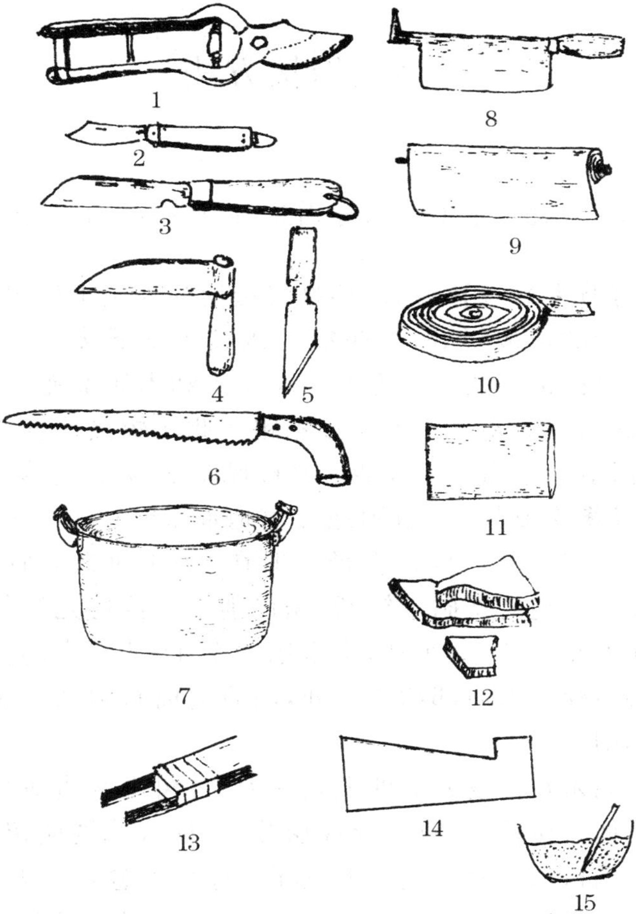

图 5-3　嫁接工具和用品

1. 剪枝剪　2. 芽接刀　3. 电工刀　4. 小镰刀　5. 切接刀　6. 手锯　7. 熔蜡锅　8. 劈接刀　9. 塑料薄膜　10. 塑料条　11. 塑料袋　12. 石蜡　13. 双刀(方块芽嫁接用)　14. 接穗切削槽(削粗壮接穗用)　15. 接蜡

六、嫁接方法

（一）插皮接（接穗背面前端削尖但两边不削）

【技术特点】 插皮接是将接穗插入砧木树皮和木质部之间的形成层处，故叫插皮接又叫皮下接。是目前春季枝接最常用的一种方法。在树皮和木质部能分离时进行嫁接，一般要求砧木比接穗粗。此法嫁接速度快，容易掌握，成活率高。但成活后易被风吹断，要注意绑支柱。

【操作要领】 苗圃地在离地面 3～5 厘米处剪断砧木。高接时砧木接口直径一般在 2～4 厘米为宜。在树皮光滑无疤处将砧木锯断，锯口削平。接穗先蜡封，切削时在上端留 2～3 个芽，下端削一个 4～5 厘米的斜削面，先将刀深入木质部约 1/2 处，而后向前斜削到先端，再将接穗削尖。

砧木在树皮光滑处纵划一刀，将树皮两边适当挑开，而后插入接穗，使双方形成层接触，插入接穗应留 0.5 厘米的伤口面在接口之上叫露白，有利于愈合良好。接后用一条长约 50 厘米、宽为砧木直径 1.5 倍的塑料条捆绑，要求将接口包严捆紧，不露出伤口面。

【愈合分析】 砧木接口被接穗插入后，在裂口两边韧皮部和木质部连接处愈伤组织最多，与接穗形成的愈伤组织左右两边从上到下都能愈合（图 6-1）。

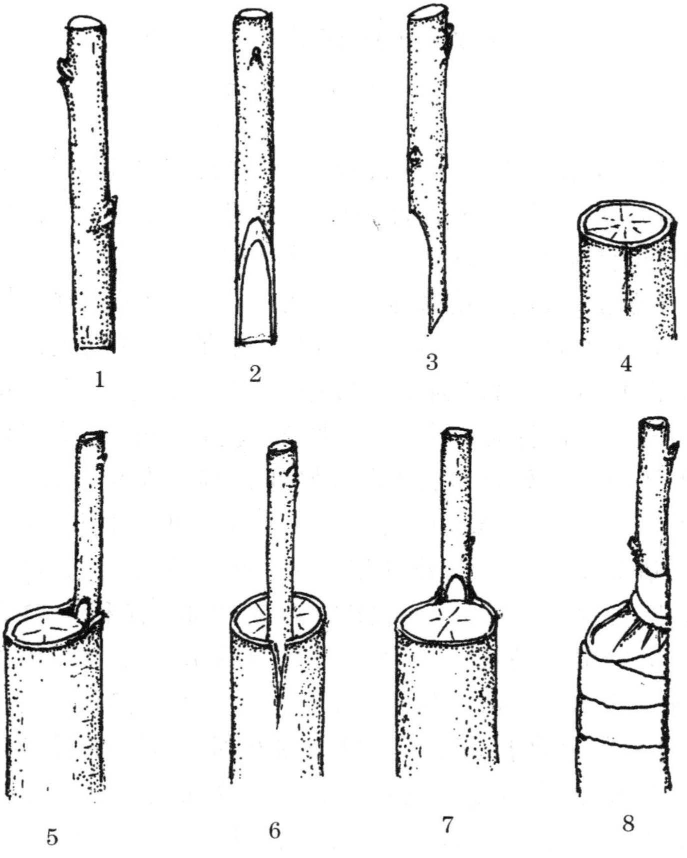

图 6-1　插皮接(接穗背面不削)

1. 接穗长 10 厘米左右，顶端留饱满芽　2. 切削接穗正面　3. 切削接穗侧面　4. 砧木切断后在树皮光滑处纵切一刀　5. 接穗插入侧面图　6. 接穗插入背面图　7. 接穗插入正面图　8. 用塑料条把全部接口包严捆紧

（二）插皮接（接穗背面前端削尖并左右削两刀）

【技术特点】 也是目前春季枝接最常用的一种方法，适合用于砧木较细而接穗较粗时，嫁接速度快，容易掌握，成活率高，成活后要注意及时绑支柱。

【操作要领】 苗圃地在离地 3～5 厘米处剪断砧木。高接时砧木直径一般在 2～4 厘米为宜，在树皮光滑处将砧木锯断，再将锯口削平。接穗先蜡封，切削时在上端留 2～3 个芽，下端削一个 4～5 厘米的斜削面，先将刀深入木质部约 1/2 处，而后向前斜削到先端。在接穗反面左、右各削一刀，长度要短，在 2.5 厘米左右再把接穗削尖。

砧木在树皮光滑处纵划一刀，而后插入接穗，使双方形成层接触，插入接穗应露白 0.5 厘米，有利于愈合良好。接后用一条长约 50 厘米、宽为砧木直径 1.5 倍的塑料条捆绑，要把接口、伤口面包严捆紧，固定接穗。

【愈合分析】 砧木接口被接穗插入后，在裂口两边韧皮部和木质部连接处形成愈伤组织最多，分开处愈伤组织较少。接穗反面左右两刀若削得太长或伤口面太大，则接穗形成的愈伤组织离砧木愈伤组织越远，不利于双方愈合。所以，一般接穗不过粗时，用接穗背面不削的插皮接为好，接穗也可以只削掉一些老皮（图 6-2）。

【说明】 如果接口较粗，塑料条捆不严时，则适宜用套袋法，参考图 6-3。

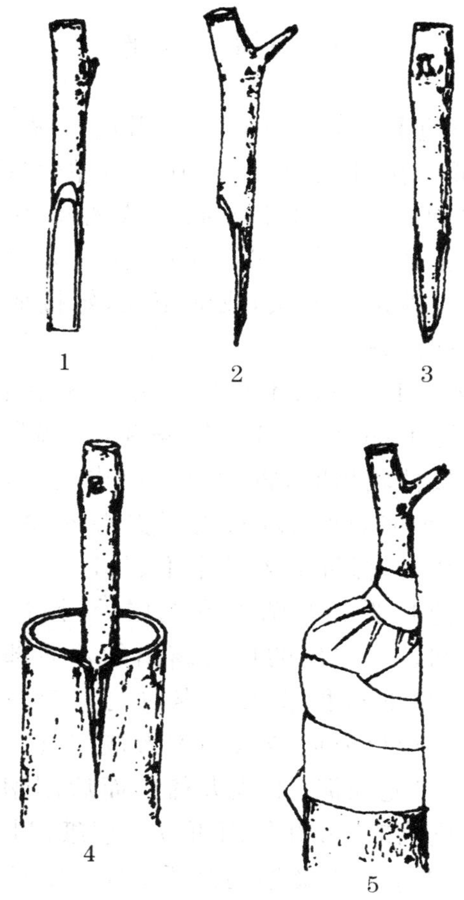

图 6-2　接穗背面削两刀的插皮接

1. 在接穗正面削一个大斜面　2. 接穗侧面图　3. 在接穗背面左右削两个小斜面，并将前端削尖　4. 在砧木树皮光滑处切一纵口，将接穗插入其中，使砧木纵口两边的树皮包住接穗背面两边的伤口
5. 用塑料条把接口处包严捆紧

(三)插皮袋接

【技术特点】 嫁接时砧木不需进行纵切口,也不裂口,将接穗插入接口,似装入袋中一样,故叫插皮袋接,又叫袋接。这种方法适合于大砧木或树皮不易纵裂的树种,如桑、樱花砧木和山桃等。砧木接口大时可接2个或更多的接穗。嫁接速度快,成活率高,嫁接成活后容易被风吹折,要及时保护。

【操作要领】 将砧木在树皮光滑无节疤处锯断,伤口削平。接穗上部留2～3个饱满芽,下端削去约1/2或更多些。当接穗较粗时,将背面的树皮割去,使其只剩木质部,当接穗细时,则保留树皮把尖端削尖即可,也可以把接穗削得较细,保证插入砧木不裂口。

插入接穗时要对准砧木形成层处,慢慢插入木质部与韧皮部之间。对去皮的接穗露出的木质部要全部插入砧木中,不去皮的接穗插入后露白约0.5厘米。在桑树嫁接时常把接穗反方向插入砧木形成层处。接后套塑料袋,最好在伤口先抹泥(不能太稀),而后用塑料袋套起来固定。在温度高时,最好外面再围一层纸以挡太阳直晒。

【愈合分析】 从接穗切削看,不带皮只插入木质部的生长愈伤组织少,带皮插入的形成层产生愈伤组织多。砧木不裂口,伤口中愈伤组织形成多,接穗现采现接,比较粗壮,有利于双方愈合(图6-3)。

【说明】 如果接口较粗,塑料条捆不严时,则适宜用套袋法,参考图6-3。

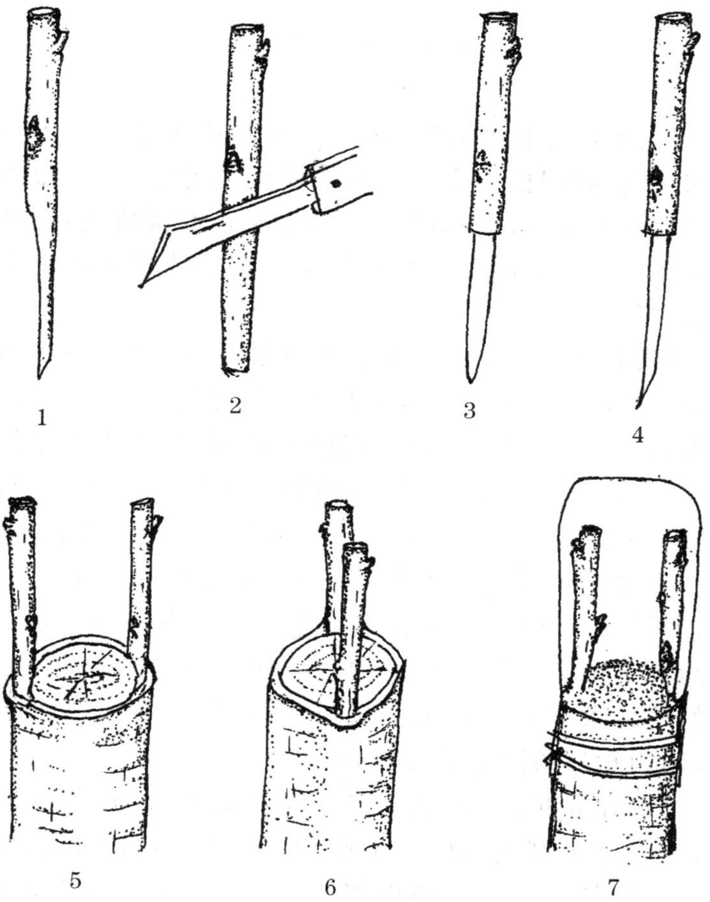

图 6-3　插皮袋接

1. 在正面削一个大斜面，反面下部削一个小斜面后的接穗侧面图　2. 将背面皮割断　3. 剥去树皮剩下木质部　4. 剥皮后的接穗侧面图　5. 将接穗插入砧木的树皮中　6. 砧木树皮不开裂　7. 伤口抹泥后套上塑料袋并捆住

（四）插皮舌接

【技术特点】 接穗木质部呈舌状插入砧木树皮与木质部之间，故叫插皮舌接。砧木要削去老皮，露出嫩皮和接穗内侧相贴。这种方法，不但要求砧木能离皮，而且接穗也要能离皮，所以要现采现接。嫁接时期要接穗芽萌动后进行。

【操作要领】 砧木在平滑处锯断或剪断，并将伤口削平。在准备插入的部位，从下而上将老树皮除掉，露出嫩皮，而后中部纵切一刀。接穗先蜡封，但要求蘸蜡快一些。切削时留 2～3 个芽，在接穗下部削一个大斜面，而后捏一下接穗削口两边，使其中端树皮与木质部分开。

将接穗木质部尖端插入已削去老皮的砧木形成层处，从纵切口处插入，接穗皮贴在韧皮部纵切口外边。露白约 0.5 厘米。接后用长约 50 厘米、宽为砧木直径 1.5 倍的塑料条绑紧。若砧木接口粗壮，插有 2 个以上的接穗，则用塑料条固定后再套袋。

【愈合分析】 从表面看，接穗既与砧木形成层相接，又与砧木韧皮部生活细胞相接，双方接触面大，但实际上当接穗木质部和韧皮部分离后，形成愈伤组织减少了，同时进入生长期的枝条其养分含量没有休眠期的高，所以愈伤组织形成少，不利于双方的愈合。另外，这种方法操作复杂，可嫁接的时期短，不利于大面积推广应用（图 6-4）。

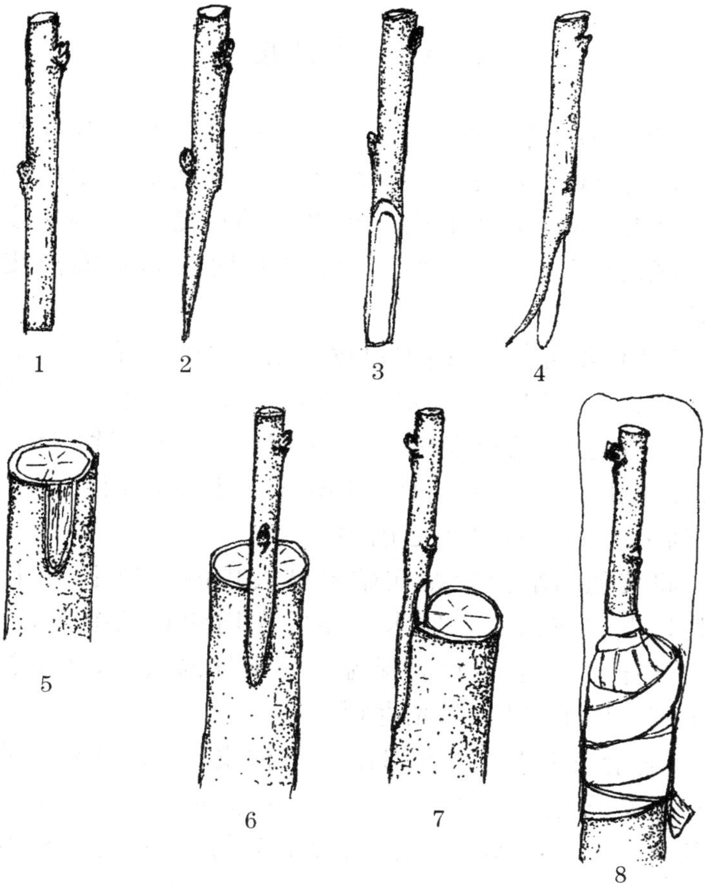

图 6-4　插皮舌接

1. 剪取春季芽萌动后的接穗　2. 在接穗下部削一个大斜面，并从背面将下端削尖　3. 接穗正面削面情况　4. 将接穗下部树皮和木质部分离　5. 切断砧木，在平滑处削去老皮，露出嫩皮　6. 将接穗木质部插入砧木形成层，使其韧皮部贴住砧木露出的嫩皮　7. 侧面观察　8. 用塑料条将伤口包严捆紧，而后再用塑料口袋套上

（五）去皮贴接

【技术特点】 将砧木切去一条树皮，在去皮处贴上接穗，这种嫁接方法叫去皮贴接。去皮贴接通常用于砧木接口大，同时接 2 个或 2 个以上的接穗。嫁接速度较慢，但贴合紧密，成活率高。嫁接时期在砧木能离皮的时候。

【操作要领】 将砧木树皮平滑处锯断，再用刀削平。而后在砧木上切去与接穗直径相等宽的一条树皮，长约 4 厘米，可按接口的粗细切 2～4 个切口。接穗保留 2～3 个芽，在下端削一个大削面，开始深入木质部而后往下削平，削去约 1/2，前端不必削尖。

将接穗切削面紧贴在砧木已去皮的切口上，并使接穗伤口上方露白 0.5 厘米。接后先用塑料条捆紧，而后切口处抹泥，再套塑料袋保湿。如果气温过高，在塑料袋外再围一圈纸，以防阳光直晒。

【愈合分析】 砧木切割一条树皮，露出的木质部外侧形成愈伤组织不多，而在左右两边和下部木质部与韧皮部之间形成层处能生长出大量愈伤组织，与接穗两边及下边形成的愈伤组织相连接。由于砧木和接穗没有造成树皮分离，因此形成层产生愈伤组织要比分离时形成的愈伤组织多，砧木、接穗双方愈合也比较快（图 6-5）。

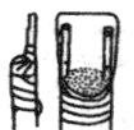

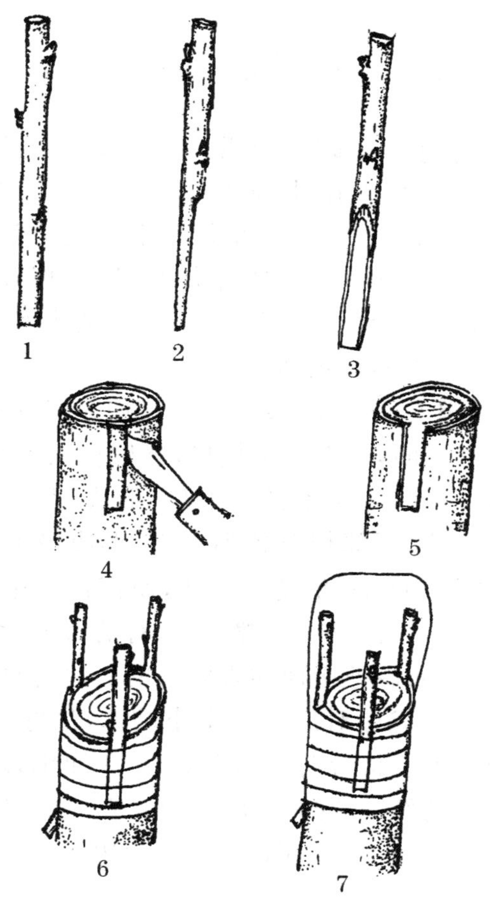

图 6-5　去皮贴接

1. 准备好粗壮的接穗　2. 切去一半后的接穗侧面图　3. 正面切马耳形接穗削面　4. 在砧木上切去与接穗伤口大小相等的一块树皮　5. 切去树皮后露出木质部和形成层　6. 将接穗贴合在砧木切口中　7. 用塑料条将接穗和砧木捆紧　8. 用塑料口袋将接穗及伤口套住并将它捆住

（六）劈　接

【技术特点】　在砧木上劈一劈口，将接穗插入劈口中故称劈接。劈接在砧木尚不能离皮时即可进行，可提早嫁接，是春季枝接的一种古老而主要的方法。以前常用于大砧木，用劈刀劈口，接后夹得很紧，现在小砧木也适宜采用，接后捆紧即可。劈接时由于砧木紧夹接穗，接口牢固，成活后不容易被风吹断。

【操作要领】　小砧木离地 4～5 厘米处剪断，大砧木选树皮平滑处锯断，用刀削平接口，然后在砧木中间切一切口，大砧木用劈刀，并用木锤往下敲，形成劈口。接穗先蜡封，留 2～3 个芽，下部相对各削一刀，形成楔形，伤口长约 4 厘米，削面要长而平，角度要合适，使接口处砧木上、下都能与接穗接合。用铁扦子或螺丝刀，有的劈刀背上有铁钩，可将劈口撬开，而后把接穗插入劈口的一边，使接穗外侧的形成层与砧木形成层对准。对于小砧木，最好左右两边的形成层都能对准。接合时要露白 0.5～1 厘米，以利于双方愈合。接后用长约 50 厘米、宽为接口直径 1.5 倍的塑料条包严捆紧。对于接口大的砧木，劈口两边插 2 个接穗，插后抹泥将劈口封堵住，再封口。

【愈合分析】　由于砧木和接穗韧皮部和木质部没有分离，因此形成层处产生愈伤组织多，双方对准形成层，愈伤组织可容易相接。在削接穗时，削面中间留 1 个芽比较好，因为芽附近养分较丰富，产生愈伤组织比较多，有利于成活（图 6-6）。

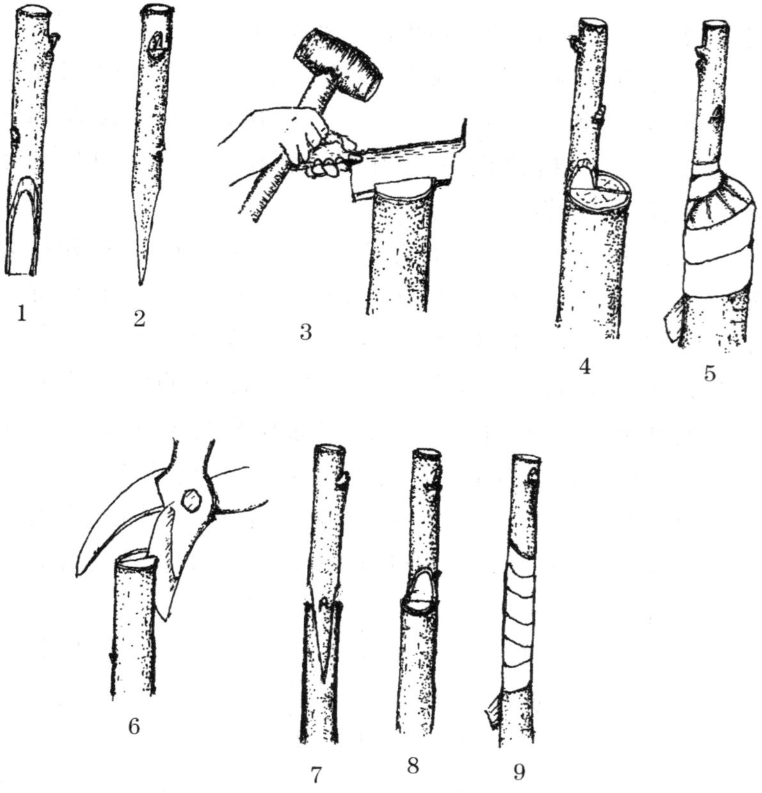

图 6-6 劈 接

1. 将接穗削两个马耳形伤口 2. 接穗从侧面看呈楔形 3. 用劈刀在砧木切口中央劈一劈口,粗壮的砧木要用木锤往下敲 4. 将接穗插入劈口中,要使接穗外侧形成层和砧木形成层相连接 5. 用塑料条将伤口包严绑紧 6. 用剪枝剪在小砧木中央剪口 7. 将接穗插入砧木剪口中 8. 两边形成层都对齐或保证一边对齐 9. 用塑料条包严绑紧前面图解是用休眠枝进行劈接，在生产实践中也常用嫩枝进行劈接，一般有如下 2 种情况。

一是用于休眠期伤流液多的树木。为了克服伤流液的不良影响，到砧木展叶后再进行嫁接，一般嫁接在当年生长的嫩梢上，接穗也采用当年的新梢，接后可用塑料条缠严，以防水分蒸发。

二是用于常绿树木的嫁接。常绿树嫁接砧木和接穗都带有一些叶片，有利于双方伤口的愈合。由于常绿树和落叶树不同，落叶树木入冬之前叶片中的养分都集中运输到根部和枝条内，春季嫁接时有足够的营养生长愈伤组织并促进接穗萌发生长。常绿树根部和枝条中含养分较少，到春季嫁接时，需要通过叶片进行光合作用，来促进双方伤口的愈合并使接穗萌发生长。因此，常绿树嫁接不但砧木要保留适当量的叶片，同时接穗最好也带有少量叶片，有利于嫁接的成活和生长。

在接穗带叶嫁接时，由于有 10 多天时间接穗尚得不到砧木供给的水分和营养物质，所以接穗要比较粗壮，接穗和砧木接口粗度相同，用劈接法是最合适的。另外，芽要饱满并即将萌发。最重要的是要保持接穗的叶片不失水萎蔫，最好的方法是接后套塑料袋。为了防止塑料袋内温度过高，嫁接时期最好在早春芽萌发生长前进行，此时气温较低，塑料袋保湿保温，还有利于嫁接成活（图 6-7）。

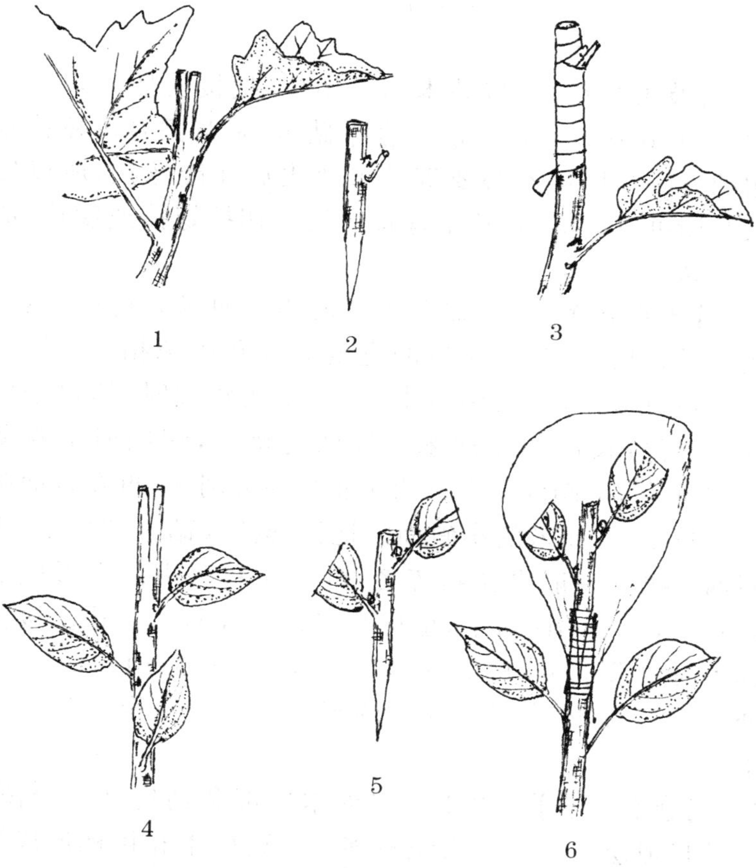

图 6-7　嫩枝劈接

1. 砧木　2. 接穗　3. 接后用塑料条缠严，露出接芽　4. 常绿树砧木　5. 接穗　6. 接后套塑料袋

（七）切　接

【技术特点】 将砧木切一切口，把接穗插入切口之中，故叫切接。切接一般适合小砧木，是苗圃春季枝接常用的方法。切接不必要等砧木离皮后才能嫁接，所以嫁接时期可以提早，延长了嫁接时期。切接嫁接速度快，成活率高。

【操作要领】 将砧木在离地约5厘米处剪断，然后用刀垂直切一切口，切口的宽度大致和接穗相等。即当接穗粗时，切口靠近砧木中心；接穗比较细时，切口偏向一边，切口长度约4厘米。接穗先蜡封，切削时上端留2～3个芽，下端削一个长约4厘米的大削面，再在背面削一个长1～2厘米的小斜面。把接穗插入砧木切口中，大斜面向里。一般操作熟练者，可使左右两边双方形成层都对上，如果不能对上，也可与劈接一样对上一边。接穗插入时要求紧实，并露白约0.5厘米。接后用长30～40厘米、宽为砧木直径1.5倍的塑料条将接口全部包严并捆紧。

【愈合分析】 由于切口处木质部和韧皮部不分离，因此形成层产生愈伤组织较多。只要砧木和接穗形成层对准，双方很容易愈合，成活率很高。接穗在砧木切口中要插紧，因为下部砧木和接穗4个面的形成层都生长愈伤组织，因此在双方愈合上起很大作用（图6-8）。

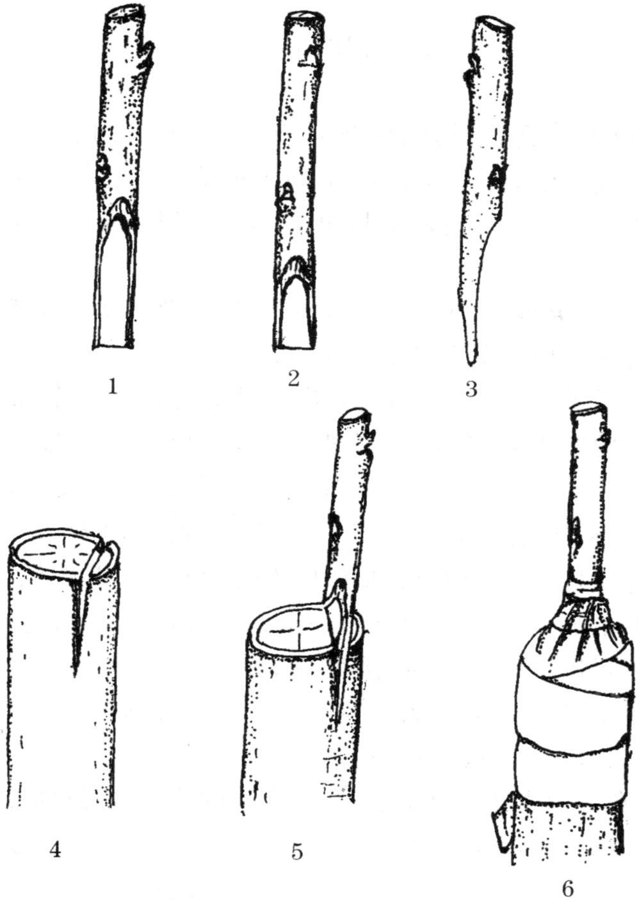

1　　2　　3

4　　5　　6

图 6-8　切　接

1. 在接穗正面削一个大斜面　2. 在接穗反面削一个小斜面　3. 接穗侧面图　4. 将砧木切一纵口，其宽度和接穗大斜面相同　5. 将接穗插入切口中，使砧木与接穗的形成层左右两边都相连接　6. 用塑料条把接口包严捆紧

（八）切贴接

【技术特点】 切贴接是具有切接和贴接两种方法特点的嫁接方法，适合于苗圃小砧木的春季枝接，砧木不离皮也可嫁接，故嫁接时期可延长。嫁接速度快，成活率高。

【操作要领】 砧木在离地面5厘米处剪断，然后用刀在离地3厘米处从外向里斜切一刀，长约1厘米。再在剪口处垂直向下切一切口，切口宽度与接穗大斜面长度相同。使两刀相接，取下一块砧木，露出切面。接穗预先蜡封，切削时上部留2～3个芽，下端削一个大斜面，长4～5厘米，再在背面削一个小斜面，长约1厘米。

将接穗的大削面与砧木的切削面相贴，下端插紧，使左右上下砧木与接穗形成层相接。如果不能两边对齐，则必须对准一边。插好接穗后，露白约0.5厘米。而后用长约40厘米、宽度为砧木直径1.5倍的塑料条，将伤口包严并将砧木与接穗捆紧。

【愈合分析】 由于砧木和接穗的木质部和韧皮部都没有分离，在形成层处形成愈伤组织比较多。只要双方形成层对准，则很容易连接和愈合。在伤口下部，左右上下的形成层都能长出愈伤组织，所以一定要插紧，就有利于双方愈合（图6-9）。

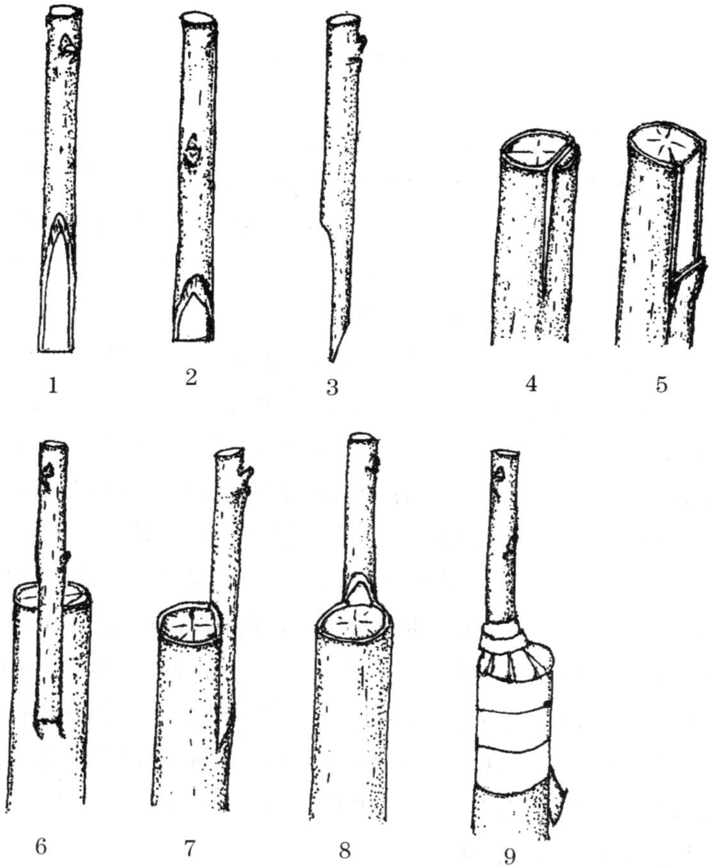

图 6-9　切贴接

1. 接穗正面削一个大切面　2. 接穗反面削一个小切面　3. 接穗侧面　4. 在砧木一侧切一个纵口，其宽度与接穗大斜面宽度相同　5. 将砧木从外向里斜切，取下带木质部的树皮　6. 将接穗伤口面与砧木伤口面相贴，下端捆紧　7. 从侧面看，双方伤口面能紧密相接　8. 砧木和接穗形成层相接　9. 用塑料条包严捆紧

(九)锯 口 接

【技术特点】 用小手锯将砧木锯出2道或多道锯口,将接穗插入锯口中,故称锯口接。锯口接适合对粗大砧木进行春季枝接。由于不必考虑砧木离皮问题,故嫁接时期可以提早和延长。此法接合牢固,接口处不易被风吹折。但此法比较复杂,嫁接速度慢。

【操作要领】 将砧木在合适处锯断,用刀削平。再用小手锯斜锯成裂口,锯口数量要根据砧木大小而定,一般可接3～5个接穗。即锯3～5个裂口,每个裂口左右锯2次,用小刀挑出一小块砧木,而后将锯口左右两边削平,适当加宽,使锯口能插入接穗。选用粗壮接穗,上面留3～5个芽,下面削两刀成楔形,并要外宽里窄,将接穗薄边插入砧木的锯口中,使厚边的左右两面形成层和砧木锯口两边的形成层对准。接穗在刀削时应先少削一些,不合适时,再削去一部分,使双方接合紧密。插入时,接穗要露白0.5～1厘米。而后用塑料条捆紧,再在锯口抹泥后用塑料袋将接口和接穗套起来。如果温度高,外边再围纸以防太阳直晒。

【愈合分析】 由于砧木和接穗都比较粗壮,裂口较小,所以形成层处生长的愈伤组织快而多,两者容易愈合。关键是接穗插入砧木后不能太松,以免双方形成层不能密切相接而妨碍愈合(图6-10)。

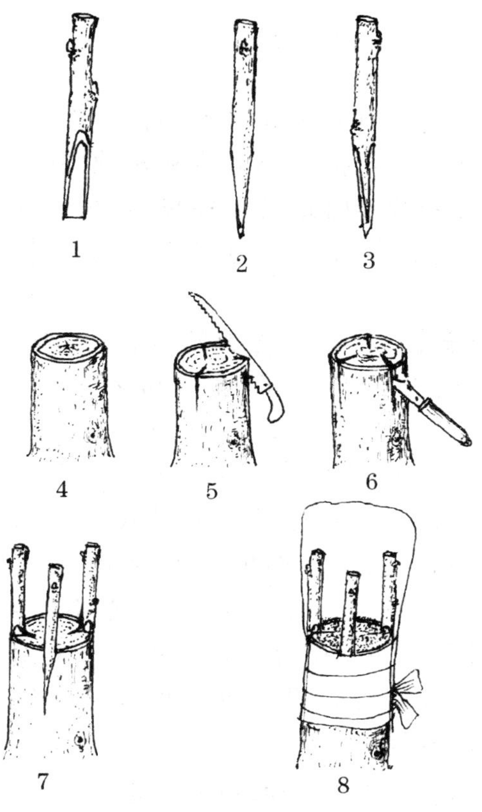

图 6-10　锯 口 接

1. 将接穗削成马耳形斜面　2. 接穗上削两个成一定角度的非平行斜面，使接穗自然外表形成厚薄不同的两个面，图为厚的一面　3. 接穗下端被削薄的一面　4. 锯断砧木　5. 用手锯在砧木断面处锯出裂口　6. 用刀加宽裂口，并且将伤口削平　7. 插入接穗，使厚的一面靠外，并使接穗外侧形成层与砧木形成层相连接　8. 用塑料条将砧木与接穗捆紧，伤口抹泥，然后套上塑料袋并捆住

（十）合　接

【技术特点】 将砧木和接穗的伤口面合在一起叫作合接。合接适于砧木接口小或者和接穗同等粗度的情况下采用。合接的嫁接时期可以提早，切削方法比较简单，嫁接速度快，成活率高，接口愈合后牢固，成活后不易被风吹折。

【操作要领】 将砧木先剪断，而后用刀削一个马耳形的斜面，斜面长 4～5 厘米，宽度和接穗直径基本相同。接穗先蜡封好，在上面留 2～3 个芽、下端削一个马耳形的斜面。斜面长 4～5 厘米，削面的长和宽度和砧木斜面基本相同。将砧木与接穗的削面贴在一起，如果砧木与接穗同样粗，则不露白。如果砧木较粗，接穗较细，则接穗应露白约 0.5 厘米。合接时，一般看不清双方形成层对准情况，只需要外皮接合平整即可。外皮对齐时，其形成层也即能吻合。接后用 2 厘米宽、40 厘米长的塑料条将砧木与接穗捆紧。

【愈合分析】 在合接时，砧木和接穗往往不能贴得很紧密，但由于这种方法没有伤及形成层，所以形成愈伤组织很多，可以很快将空隙填满。嫁接成活后塑料条不要过早去除，到新梢生长达 40 厘米以上时再去除。这时伤口不会分离，砧木和接穗共同形成新的木质部和新的韧皮部，使接合部很牢固，不易被风吹折（图 6-11）。

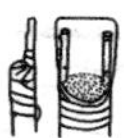

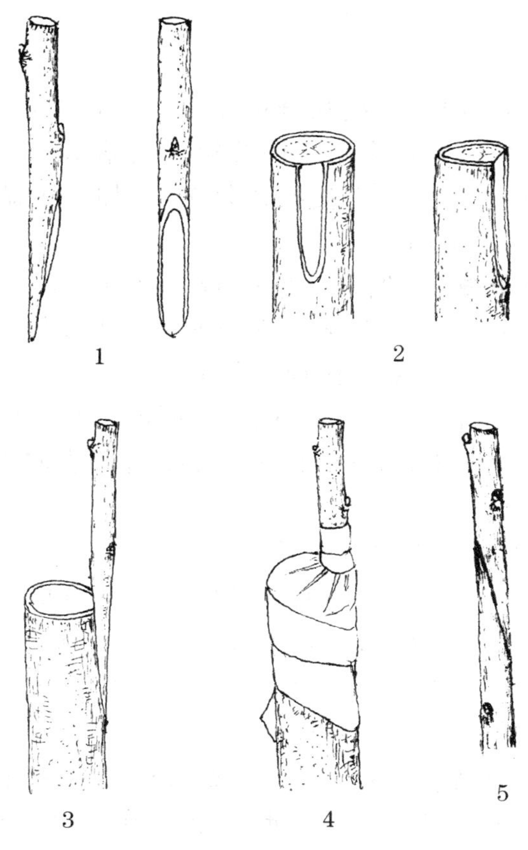

图 6-11　合　接

1. 在接穗下端削出马耳形斜面后的侧面和正面图　2. 砧木选平滑处自下而上削一个斜面，大小与接穗斜面相等，这是砧木切削后的正面和侧面图　3. 将接穗与砧木的伤口面接合，使双方上下左右的形成层相连接　4. 用塑料条将双方伤口捆严绑紧　5. 对于较细的砧木，嫁接时将砧木和接穗各削同等大小的接口，合在一起捆绑起来即可

（十一）舌　接

【**技术特点**】 舌接和合接相似。但它以舌状伤口相接，故称舌接。舌接多用于同等粗度的砧木和接穗，适宜在室内嫁接。舌接比合接操作复杂，但加大了砧木、接穗伤口之间的接触面。

【**操作要领**】 先将砧木剪断，而后用刀削一个马耳形斜面，斜面长5～6厘米。在斜面上端1/3处，垂直向下切一刀，深约2厘米。接穗先蜡封。然后在接穗上部留2～3个芽，在下端削一个与砧木相同的马耳形斜面，斜面长也为5～6厘米，再在斜面上端1/3处垂直向下切一刀，深约2厘米。

将接穗与砧木的斜面对齐，由上往下移动，使砧木的舌状部分插入接穗中，同时接穗的舌状部分插入砧木中，由1/3处移到1/2处，使双方削面互相贴合，而双方的小舌互相插入，加大了接触面。以后用2厘米宽、30～40厘米长的塑料条，将砧木与接穗捆紧。

【**愈合分析**】 在嫁接时，要求砧木和接穗粗细一致，接合时外皮对齐，双方形成层对准。由于这种方法形成层之间接触面比较大，形成愈伤组织后双方也容易愈合。这种方法操作比较困难，适于室内嫁接。田间操作比较困难，往往愈合较差。同时，小舌部分愈伤组织形成很少，一般技术较差时，此法不如用合接法成活率高（图6-12）。

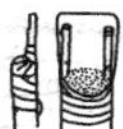

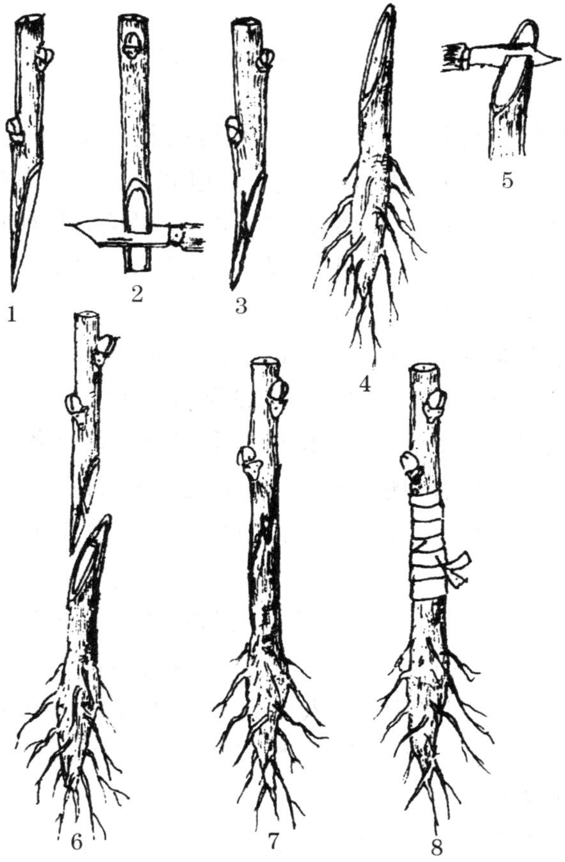

1 2 3 4 5 6 7 8

图 6-12　舌　接

1. 将接穗削成马耳形斜面　2. 在接穗前端伤口 1/3 处向后纵切深约 2 厘米的一刀　3. 接穗削口形成一个小舌形　4. 将粗度与接穗相等的砧木削成同样的马耳形斜面　5. 在砧木斜面前端伤口的 1/3 处向后纵切深约 2 厘米的一刀，形成舌形　6. 将砧木与接穗伤口面相插　7. 接穗小舌插入砧木纵切口，砧木小舌插入接穗纵切口　8. 用塑料条将接合部位绑严捆紧

（十二）靠　接

【技术特点】 嫁接时，砧木与接穗靠在一起相接，故叫靠接。靠接可于休眠期进行，也可在生长期进行。由于砧木和接穗都在不离体的情况下嫁接，都有自己的根系，故嫁接成活率高。但是靠接要求把砧木与接穗放在一起相当困难，故不适合大量嫁接。

【操作要领】 根据砧木和接穗粗细程度不同，靠接法可分为合靠接、舌靠接和镶嵌靠接3种。

一是合靠接。将砧木和接穗在相靠处各削一个伤口，长3～4厘米，伤口最宽处接近接穗直径。要用锋利刀具，左手将枝条弯曲，右手削伤口，而后将双方相等的伤口用塑料条捆紧。

二是舌靠接。砧木和接穗粗度相等时采用此法。将双方相接处各削一个舌形口，一个从上而下，另一个从下而上，切口约3厘米，深入到近直径处，并把小舌外的老皮削去一部分。把二者舌形部分互相插入，然后用塑料条将伤口捆紧。

三是镶嵌靠接。砧木比接穗粗时用此法。先将砧木在相接处切一个槽，宽度和接穗直径相同，长度4～5厘米。接穗削同等长度伤口，嵌入砧木槽中，而后用塑料条捆紧。

【愈合分析】 以上3种方法，伤口处都能很好地形成愈伤组织。操作时舌靠接速度快，双方愈合也很好，可作主要的靠接方法应用。接活后，接穗从伤口下部剪断，砧木从接口上部剪断，双方伤口能愈合平滑（图6-13）。

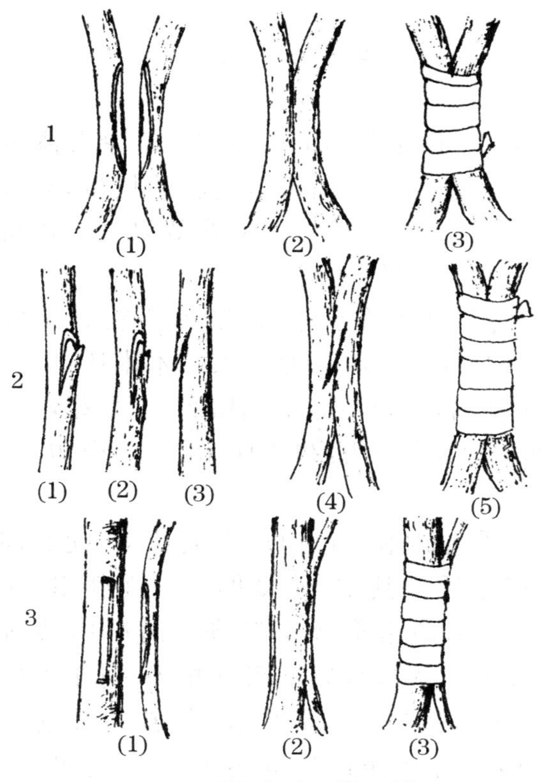

图 6-13　靠　接

1. 合靠接　(1)将砧木和接穗各削一个相同大小的伤口　(2)将双方靠在一起,使伤口形成层相连接　(3)用塑料条捆严绑紧
2. 舌靠接　(1)将接穗从上而下地切一个舌形切口　(2)削去小舌外树皮　(3)将砧木从下而上地切一个舌形切口,并削去小舌外的一些树皮　(4)使砧木的小舌插入接穗的切口,接穗的小舌插入砧木的切口　(5)用塑料条捆严绑紧
3. 镶嵌靠接　(1)将砧木切一个槽,接穗削一个伤口,使槽的大小与接穗伤口大小相一致　(2)将接穗贴入砧木槽内　(3)用塑料条捆严绑紧

（十三）腹　接

【技术特点】　将接穗接在砧木中部，像人体腹部的位置，故叫腹接。腹接可增加树木内膛的枝量，对大树高接时，可增加内膛枝条，达到立体开花效果。小树也可用腹接法，嫁接速度快，成活率高。

【操作要领】　砧木在合适部位，左手将枝条向外弯曲，右手拿刀从上而下斜切一刀深入砧木木质部，伤口长3～4厘米。接穗用蜡封接穗，上端留2～3个芽，下端削2个马耳形斜面，一面长一些，约4厘米，另一面短一些，约3厘米。

接合时，左手将砧木切口向反方向拉动，使斜向切口裂开，右手把接穗插入其中，使接穗大斜面朝里，接穗两边或一边形成层和砧木形成层对齐。而后用塑料条捆绑，塑料条的长短和宽窄与砧木粗细相当，对于大砧木也可以在伤口处涂抹接蜡。苗圃腹接时，在包扎前先将接口上部砧木剪除，再将伤口连同剪砧口一起包扎起来。常绿树接穗适宜带叶腹接，接后用小块地膜包扎，防止叶片萎蔫，有利于嫁接成活。

【愈合分析】　采用腹接法，嫁接速度比切接还要快，技术熟练时左右前后四边的形成层都能相接，同时砧木能夹紧接穗，使双方愈伤组织容易连接，目前已成为苗圃春季枝接的一个主要方法（图6-14）。

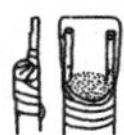

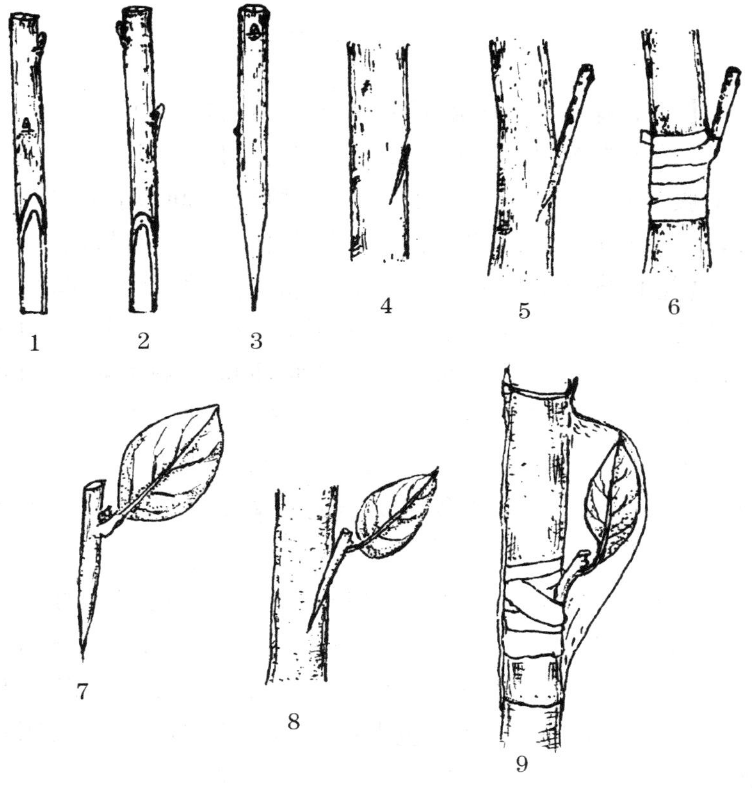

1　2　3　4　5　6

7　8　9

图 6-14　腹　接

1. 在接穗正面削一个马耳形大斜面　2. 在接穗的反面削一个较小的马耳形斜面　3. 从接穗侧面看，左边斜面大，右边斜面小　4. 在砧木中部（腹部）向下斜切一深口　5. 将接穗伤口全部插入砧木切口，使其大斜面朝里，有一边外皮与砧木外皮对齐　6. 用塑料条将接合部位捆严绑紧，务使上部伤口不外露　7. 带叶接穗的切削　8. 插入切口中　9. 捆绑后再用地膜包上

(十四)皮下腹接

【技术特点】 接穗嫁接在砧木的腹部,但和插皮接一样,是插在砧木的树皮与木质部之间,故叫皮下腹接。皮下腹接适宜在大砧木上应用,可填充空间,增加内膛枝条,达到立体开花结果、提高观赏价值和产量的目的。

【操作要领】 在砧木需要补充枝条的部位,选择树皮光滑无节疤处切一个"T"字形口,在"T"字形口的上面,削一个半圆形的斜坡伤口,以便使接穗顺坡插入树皮内。采用蜡封接穗,最好用弯的枝条,在其弯曲部位外侧削一个马耳形斜面,斜面要长一些,约 5 厘米。接穗一般留2～3 个芽。也可以多留芽,使之嫁接成活后多长内膛枝叶。

将接穗插入"T"字形嫁接口,从上而下地将马耳形伤口全部插入砧木皮内形成层处,不露白。由于砧木较粗,所以包扎时要用较长塑料条,宽约 4 厘米,要把"T"字形口包严。如果砧木过粗,包严接口比较困难,也可以用接蜡将伤口堵住,以防水分蒸发和雨水浸入。

【愈合分析】 由于砧木粗壮,伤口较小,所以砧木接口处愈伤组织生长快而多,能迅速把空隙填满。接穗以用弯曲枝条为好。如果用直立枝条作接穗,一般插入部分有空隙,会影响双方的愈合。最好用细软的枝条作接穗,插入捆紧后砧穗能紧贴相接,有利于成活(图 6-15)。

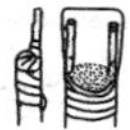

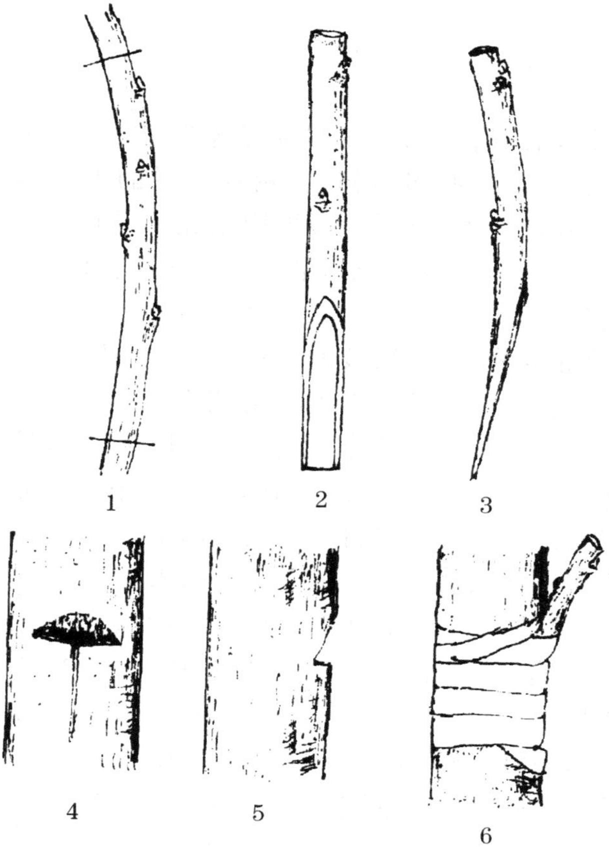

1　　2　　3

4　　5　　6

图 6-15　皮下腹接

1. 选用弯曲的接穗，剪接穗要长一些　2. 将接穗削一个马耳形斜面　3. 从接穗侧面看，斜面在弯曲部的外侧　4. 在砧木树皮光滑处切一个"T"字形口，将上方一些树皮削去　5. 从侧面看，砧木切口上方有一个斜面，便于接穗插入　6. 接穗插入砧木切口后，向外弯曲。要特别注意把接穗上面的伤口全部插入砧木切口中，并用塑料条包严

（十五）钻孔接

【技术特点】 用钻孔机对砧木穿孔、插入接穗的方法叫钻孔接。一些名贵树、古树或盆景的下部树冠内枝叶稀少，降低了观赏价值，可采用钻孔接进行补救。操作比较复杂，但成活后枝条生长牢固，可延长树体寿命，提高观赏价值。

【操作要领】 在缺枝的部位，刮去一些老皮，然后用钻孔机打孔。要选用与接穗粗细相同的钻头，钻孔深度为3～4厘米，从上而下斜向钻孔，角度为60°，最好用电动钻孔机。接穗从生长旺盛的幼树上采用粗壮充实的发育枝，进行蜡封，嫁接时将下端削成圆锥形。

将接穗插入孔内，由于接穗和砧木的形成层看不清楚，可大致估计。最好的办法是钻孔的深度与接穗切削长度要配合好，如钻孔深度为3.5厘米（钻头上做一个3.5厘米的标记），若树皮厚0.5厘米，则接穗木质部长度以3厘米为宜，圆锥形切削从3.2厘米开始，形成层3厘米处接穗皮厚约0.2厘米。嫁接时将接穗插到底，则双方形成层能相接，接后用接蜡将外面接口封上。

【愈合分析】 砧木与接穗粗壮，生活力强，则愈伤组织形成多。只要双方接触紧密，形成层与生活的韧皮部细胞能接合，其愈伤组织就能很快相接，把两者空隙填满（图6-16）。

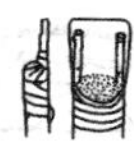

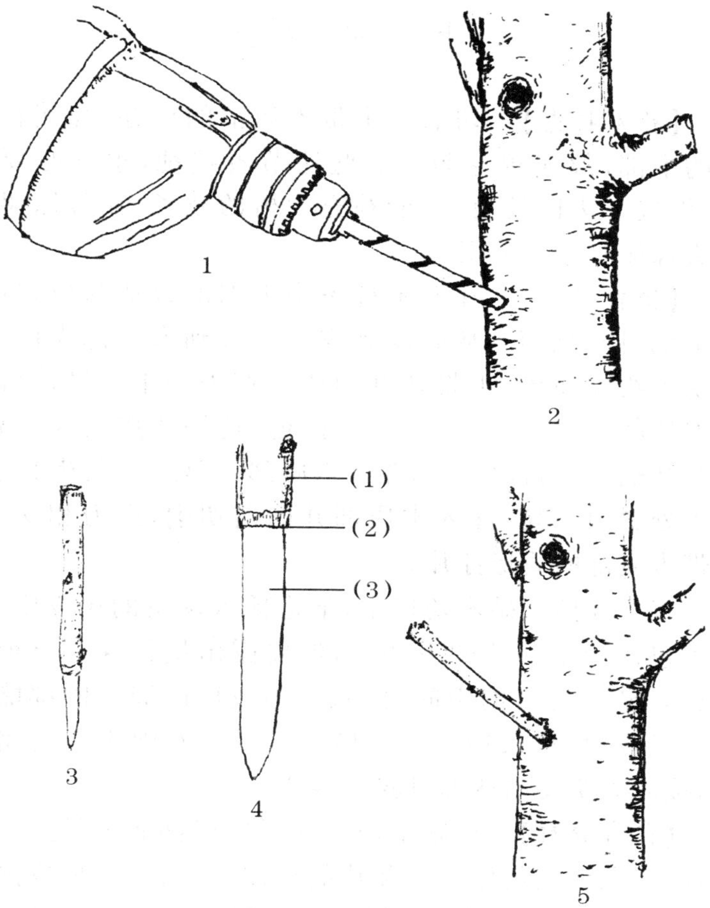

图 6-16　钻 孔 接

1. 电钻　2. 砧木　3. 蜡封接穗　4. 放大的接穗　(1)皮部　(2)形成层　(3)木质部　5. 接穗插入钻孔中，一般大树钻孔要深一些，盆景树要浅一些，接穗形成层与砧木形成层大致相接，接口外涂接蜡

（十六）单芽腹接

【技术特点】 切取一个带木质部的单芽，嫁接在树干的中部，故叫单芽腹接。此法节省接穗，也不必要蜡封，嫁接方法比较简单，能补充大树的枝条，在常绿树种多头嫁接时经常采用。

【操作要领】 在砧木枝条中下部的合适部位，自上而下地斜向纵切。从表皮到皮层一直到木质部表面，向下切入约 3 厘米，再将切开的树皮切去一半。接穗可用两刀切削法。操作时，反向拿接穗，选好要用的芽，第一刀在叶柄下方斜向纵切，深入木质部。第二刀在芽上方 1 厘米处斜向纵切，深入木质部并向前切削，两刀相交，取下带木质部的盾形芽片。

将芽片插入砧木切口中，下边插入保留的树皮中，使树皮包住接穗芽片的下伤口，但要露出接穗芽。要把芽片放入砧木切口的中间，使双方形成层四周一圈都能相接，而后用塑料条捆绑。如果当年不萌发则用全封闭捆绑，接后需萌发则捆绑时露出接芽。

【愈合分析】 在砧木切口处形成层都能生长愈伤组织，同时在下边包住接穗芽片的树皮内侧，也能形成愈伤组织。接穗形成愈伤组织较少，但形成较快。如果要求接后萌发，要选用即将萌发的饱满芽，嫁接成活后在芽上部进行刻伤（图 6-17）。

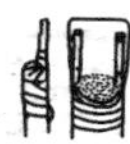

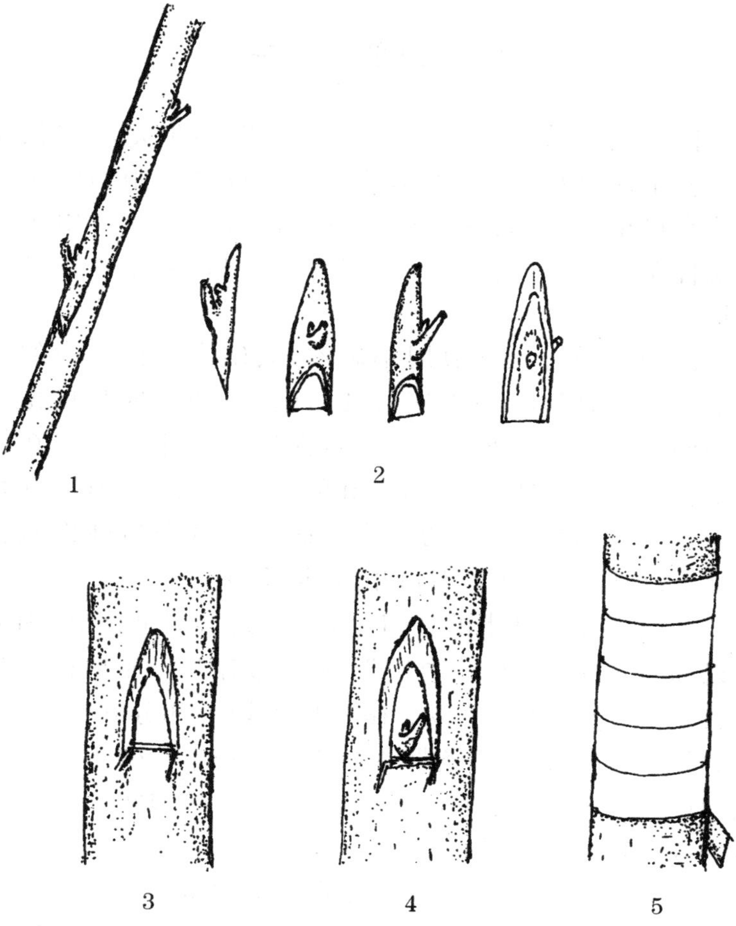

1　　2

3　　4　　5

图 6-17　单芽腹接

1. 从接穗上切取芽片，切取方法同嵌芽接　2. 芽片的正面、侧面和反面　3. 砧木切削　4. 将接穗嵌入砧木切口，使双方形成层相接　5. 用塑料条包严扎紧

（十七）单芽切接

【技术特点】 单芽切接和切接相似，但是所用接穗不是枝条而是单芽，故称单芽切接。也可以用切贴接的方法来接单芽，这是接在砧木顶端的春季芽接。由于有顶端优势，一般成活后萌芽生长较快，多用于常绿树嫁接。

【操作要领】 一般用小砧木，大砧木需接在小的分枝上。嫁接时先将砧木接口处剪断，在伤口处与接穗直径相同的部位从上而下切一刀，深约 4 厘米。接穗在接芽上方约 1 厘米处剪断，再在芽的下方 1 厘米处往下深切一刀，深度达接穗直径的一半。而后再从剪口断面直径处往下纵切一刀，使两刀口相接，取下芽片。

将接穗插入砧木的切口中，由于其下端呈楔形，因而可以插得很牢，使左右两边形成层都对上。如果操作技术较差，对准一边也可以。砧木也可切去部分外皮，包扎更方便。接后用塑料条捆绑接合部，上部的砧木伤口也要捆严，但要露出接芽。如果砧木较粗，接口可套一个塑料袋或用地膜套上并捆紧。

【愈合分析】 这种方法可使砧木和接穗左右上下形成层都能相接，愈伤组织形成后能很快连接。在嫁接时，芽片要适当大一些、厚一些，含养分多，形成愈伤组织也多，容易成活（图 6-18）。

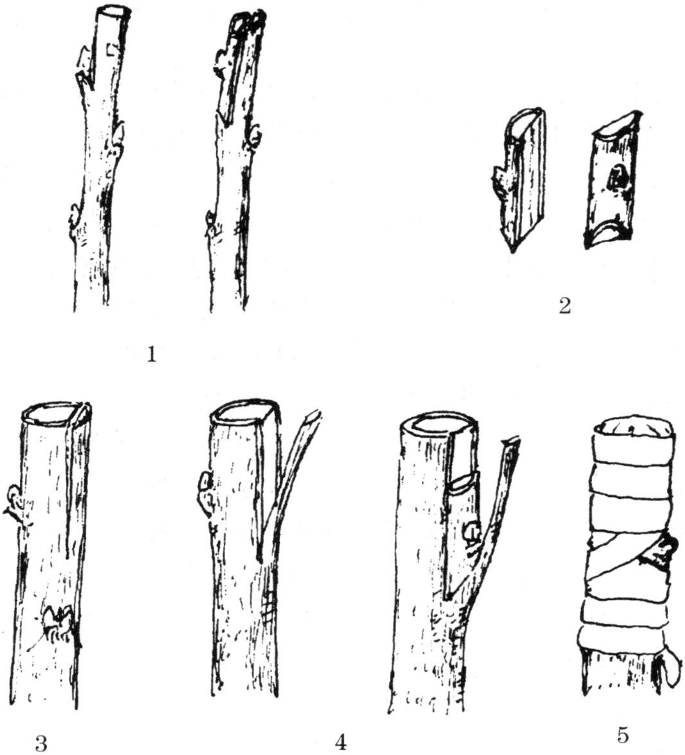

1

2

3

4

5

图 6-18　单芽切接

1. 选取充实的接穗，在接芽上方约 1 厘米处把它剪断，在接芽下方 1 厘米处斜向深切一刀，再从剪口直径处往下纵切一刀，使两个刀口相接　2. 取下芽片，它的上边是平面，下边是斜面　3. 从砧木横断面切一纵切口，使切口宽度与接穗宽度相等　4. 将芽片插入切口中，使它的形成层与砧木两边的形成层相接，下端与切口插紧　5. 用塑料条将接合部捆严绑紧，捆绑时要露出接芽

（十八）"T"字形芽接（接穗不带木质部）

【技术特点】 嫁接时，在砧木上切"T"字形接口，故称"T"字形芽接，又叫"丁"字形芽接。此法操作简易，速度快，且嫁接成活率高。砧木一般用1～2年生树苗，也可以接在大砧木的当年生新梢上，老树皮不宜用此法。

【操作要领】 "T"字形芽接都在生长期进行。在砧木离地约4厘米处进行嫁接，先把叶片清除，然后切一个"T"字形口，先切横刀，宽度约为砧木周径的一半。在横刀中部向下纵切，长约1厘米。接穗采用两刀取芽法。即一刀是在芽的上端约0.5厘米处横切，宽约近接穗粗度的一半。另一刀是从叶柄以下约0.5厘米处开始。由下往上切削，深入木质部向上削到横切处。然后手拿叶柄向一边移动即可取下芽片。木质部留在接穗上。

嫁接时左手拿住芽片，右手用刀尖将砧木"T"字形口两边的树皮撬开，把芽片下端放入切口内，拿住叶柄往下插，使芽片上边与"T"字形口的横切口对齐。而后用长约30厘米、宽1.5厘米的塑料条从下而上捆严绑紧。包扎有2种方法：一种是将芽和叶柄都包起来，这种方法操作快，防雨的效果好。但由于芽无法萌发生长，所以适于嫁接后当年不萌发的芽接。另一种是包扎时露出芽，但四周要捆紧，此法适于当年萌发的芽接。另外，容易发生流胶的树种也应用露芽包扎的方法。

【愈合分析】 参见接穗带木质部"T"字形芽接方法的愈合分析（图6-19）。

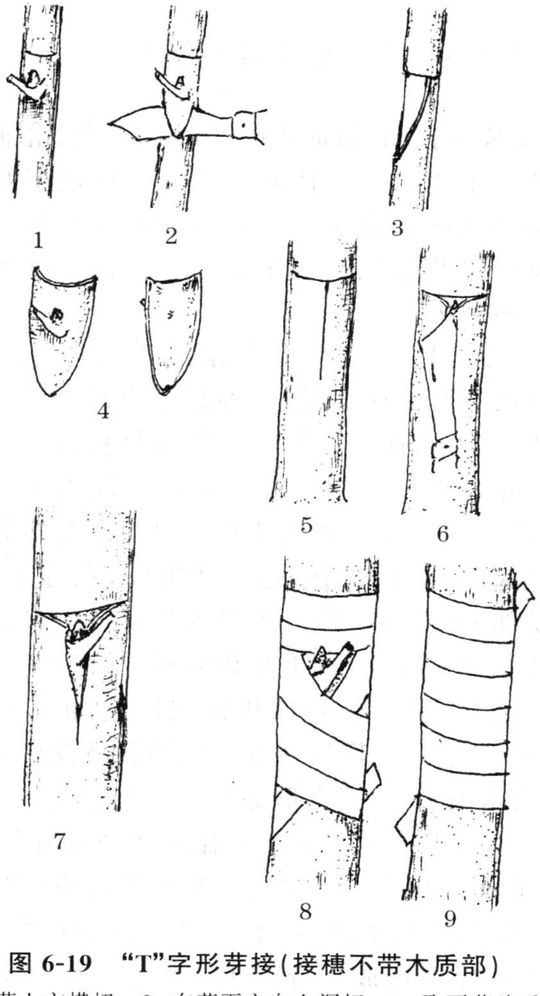

图 6-19 “T”字形芽接(接穗不带木质部)

1. 接穗在芽上方横切　2. 在芽下方向上深切　3. 取下芽片后留下木质部　4. 接穗盾形芽片的正面和反面　5. 砧木切“T”字形切口　6. 用刀尖撬开切口　7. 从上而下插入接穗　8. 露芽包扎　9. 封闭包扎

（十九）"T"字形芽接（接穗带木质部）

【技术特点】 和前面讲的"T"字形芽接相似，但接穗切削时带有木质部。这种方法适合于离皮困难的接穗，如经远距离运输或嫁接过晚的接穗往往不易离皮，还有接穗的芽明显凸起也适宜用此法。嫁接速度快，但成活率较上一种方法差一些。

【操作要领】 砧木切削和前面讲的"T"字形芽接相同。接穗切削有 2 种情况：一种是带全部木质部，采用两刀取芽法，一刀在芽上方约 0.5 厘米处横切深入木质部，另一刀在叶柄下 0.5 厘米处自下往上深入木质部，削到横切处，即取下带木质部的芽片。另一种是少带木质部，对于芽凸起的接穗宜用此法。切削时，在芽上端的横刀深入木质部要浅一些，第二刀带木质部往上削，取芽时左手弯曲枝条使芽隆起，右手拿住叶柄自上往下取出芽片。用刀尖将砧木"T"字形口两边树皮撬开，把芽插入，使芽片上边和"T"字形横切口对齐。用塑料条捆绑方法同上。

【愈合分析】 "T"字形芽接有 3 种情况：一种是不带木质部，接穗芽片内侧形成层和砧木木质部外侧的形成层相接，由于双方相贴非常紧密，双方愈伤组织容易愈合。第二种是接穗带木质部，在木质部处不能生长愈伤组织，只是在芽片周围形成层处能生长出愈伤组织，同时与砧木难于密切接触，所以成活率不如前者。第三种是接穗少量带木质部，可以填补芽凸起的内侧空隙，有利于双方密切接触和愈合（图 6-20）。

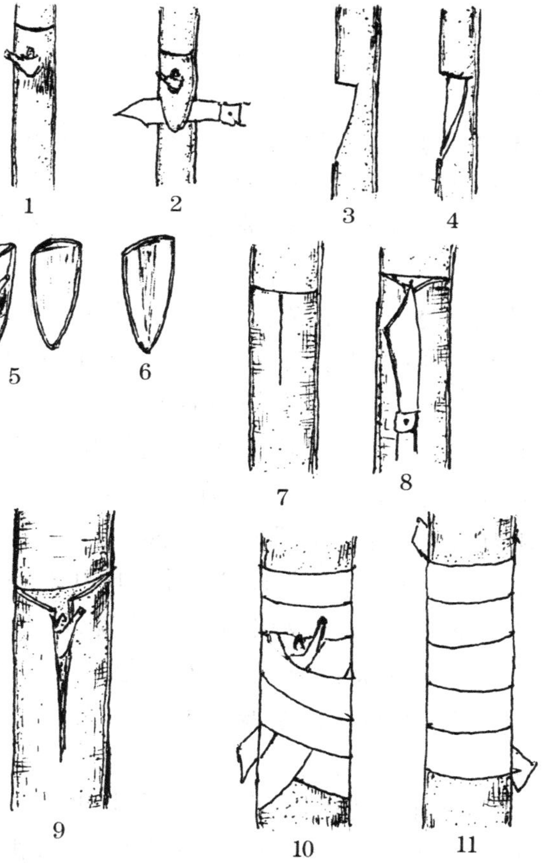

图 6-20 “T”字形芽接(接穗带木质部)

1. 接穗芽上方横切 2. 在芽下方向上深切 3. 横切深时芽片带木质部 4. 横切浅时芽片带少量木质部 5. 带木质部芽片正反面 6. 芽片反面带少量木质部 7. 砧木切“T”字形口 8. 用刀尖撬开切口 9. 从上而下插入接穗 10. 露芽包扎 11. 封闭包扎

（二十）嵌芽接

【技术特点】 砧木切口和接穗芽片大小形状相同，嫁接时将接穗嵌入砧木中，故叫嵌芽接。嵌芽接是带木质部芽接的一种重要方法，常于秋后及春季接穗不离皮时进行，嫁接速度快，成活率高。

【操作要领】 对于苗圃地的小砧木，可在离地约3厘米处去叶，然后由上而下地斜切一刀，深入木质部。再在切口上方2厘米处，由上而下地连同木质部往下削，一直到下部刀口处，取下一块砧木。接穗切削和砧木相同，先在芽下部向下斜切一刀，再在芽上部由上而下连同木质部削到刀口处，两刀相遇取下接穗。

将接穗的芽片嵌入砧木切口中，下边要插紧，最好使双方接口上下左右的形成层对齐。用宽1～1.5厘米、长约30厘米的塑料条自下而上捆紧包严，一般当年不萌发，可用全封闭捆绑。春季嫁接和对于易流胶的砧木，应露芽捆绑。

【愈合分析】 进行嵌芽接，在技术比较熟练时，可以使砧木伤口的形成层和接穗的形成层全部相接。所以，当双方生长愈伤组织后，很容易互相连接。砧木形成愈伤组织多而快，接穗切削芽片大一些，厚一些，生活力强。另外，木质化程度高较充实的接穗生活力也强，形成愈伤组织多，成活率高（图6-21）。

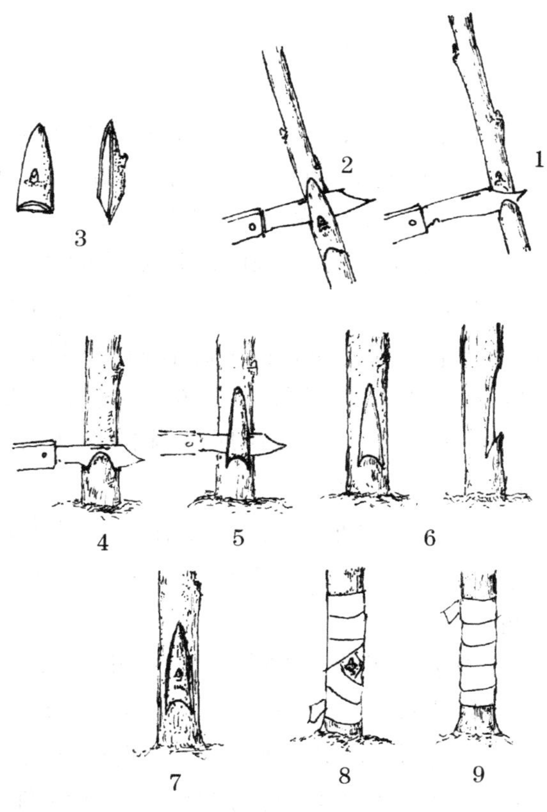

图 6-21　嵌 芽 接

1. 在接穗芽的下部向下斜切一刀　2. 在接穗芽的上部由上而下地斜削一刀，使两刀口相遇　3. 取下带木质部的芽片　4. 在砧木近地处由上而下地斜切一刀，刀口深入木质部　5. 在切口上方约 2 厘米处，由上而下地再削一刀，深入木质部，使两刀相遇　6. 取下砧木切口的带木质部树皮形成和芽片同样大小的伤口　7. 将接芽嵌入砧木切口　8. 用塑料条捆严绑紧，春季芽接要露出接芽，以利于芽的萌发和生长　9. 秋季芽接不要求当年萌发，如果砧木不流胶则捆绑时要将接芽全部包住

(二十一)方块芽接

【技术特点】 嫁接时所取芽片呈方块形,砧木上也切去一片方块形树皮,故称方块芽接。此法不能带木质部,一定要在形成层活跃的生长期进行。方块芽接操作比较复杂,但是取芽片较大,和砧木接触面大,对于芽接不易成活的树种比较适宜;同时,接后芽容易萌发。

【操作要领】 嫁接前,先对砧木和接穗切口长度,用刀刻上记号。在砧木平滑处上下左右各切一刀,再用刀尖挑去方块形砧木皮。接穗在所选芽的上下左右各切一刀,取出同样大小的一方形芽片。

手拿叶柄,将方块形芽片放入砧木切口中,用宽1～1.5厘米、长20～30厘米的塑料条,将伤口捆绑起来,露出芽和叶柄。

【愈合分析】 芽片内侧的形成层能产生愈伤组织,芽片要比较厚,同时不能擦伤芽内侧的形成层,并且保持清洁,有利于愈伤组织的形成。去皮砧木木质部外侧形成层能形成比接穗多的愈伤组织,达到内外愈合。另外,在砧木方块切口的四周也可产生愈伤组织,且数量较多。所以,在嫁接时,双方之间有一些空隙没有关系,愈伤组织可将空隙填满。若接穗芽片削得过大,将芽片硬塞进去,芽片损伤则影响成活。故芽片和砧木切口大小难以相等时,宁可芽片略小一些,不要使芽片大于砧木切口(图6-22)。

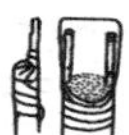

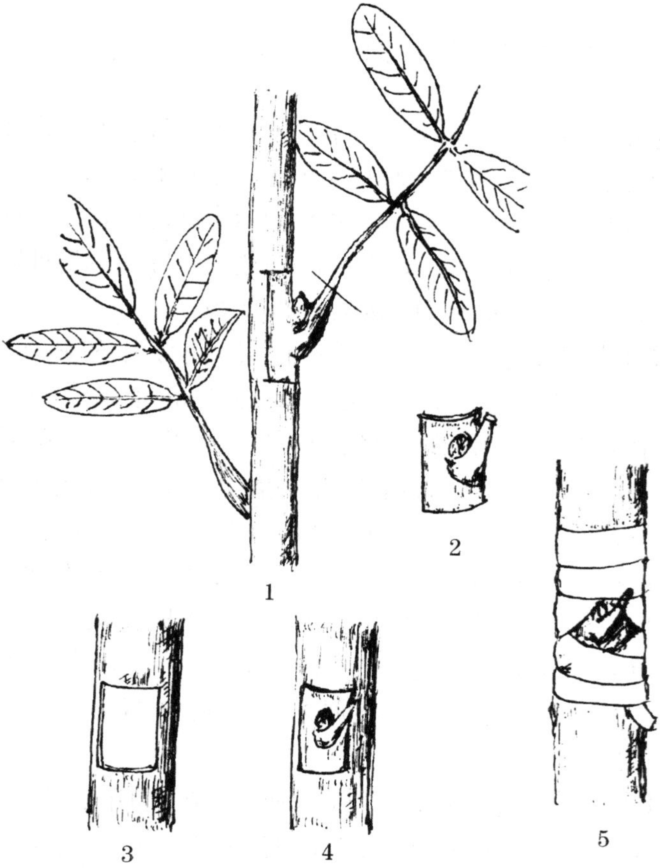

图 6-22　方块芽接

1. 在接穗芽的上下左右各切一刀　2. 用刀尖撬开取出接穗的方块形芽片　3. 在砧木树皮光滑处也上下左右各切一刀，取出树皮，要求砧木切口和接穗芽片大小相同　4. 将芽片嵌入砧木切口中　5. 用塑料条捆严绑紧，捆绑时要露出叶柄和芽

(二十二)双开门芽接和单开门芽接

【技术特点】 嫁接时,将砧木切口两边树皮撬开,似打开两扇门一样,故叫双开门芽接,因砧木切口呈“工”字形,故又叫“工”字形芽接。单开门芽接只撬开一边树皮,二者方法相近故一起叙述。此法适宜生长旺盛期嫁接,用于嫁接较难活的树种,接后芽即萌发。

【操作要领】 先用刀刻一记号,使芽片和砧木切口长度相等。砧木横切刀口宽度要适当超过芽片的宽度。再在中央纵切一刀,而后将树皮两边撬开。若是单开门,则在一边纵切一刀,而后将树皮撬开。接穗在芽的四周各刻一刀,取出长度和砧木切口相同的方块形芽片。

将接穗芽片放入砧木切口中,双开门芽接即把左右两边门关住,由于芽片隆起,故芽和叶柄正好在中央露出。单开门芽接要撕去一半树皮,另一半盖住芽片。用宽 1～1.5 厘米、长 20～30 厘米的塑料条捆绑,要露出芽和叶柄。

【愈合分析】 芽片不带木质部,在内侧形成层能产生愈伤组织,当芽片较厚、操作时不伤内侧形成层时,形成愈伤组织可多一些。砧木木质部外侧形成愈伤组织,同时在芽片四周能形成较多的愈伤组织,将双方的空隙填满(图 6-23)。

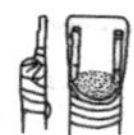

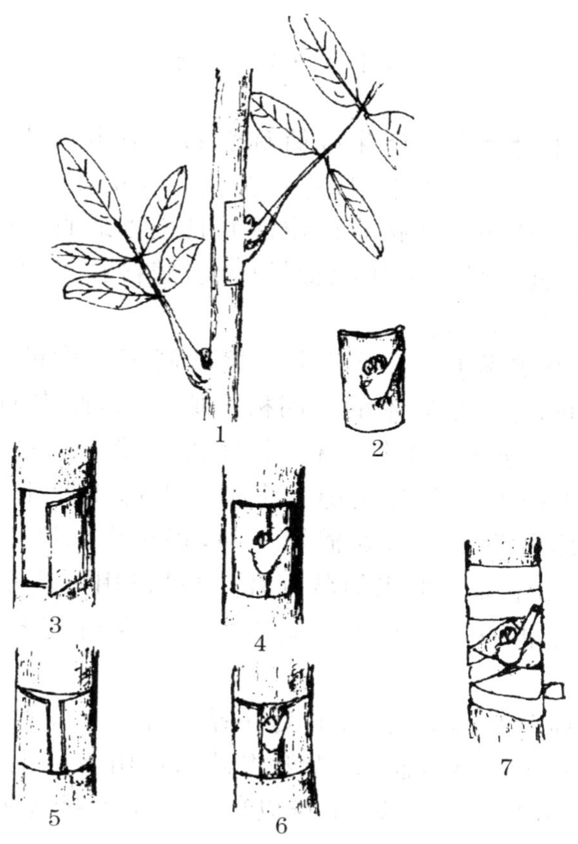

图 6-23　双开门和单开门芽接

1. 将接穗除去叶片，在接芽的上下左右各切一刀　2. 取出方块形或长方块形芽片　3. 选砧木树皮光滑处上下左各切一刀，用刀尖从左边将树皮撬开，形成单开门　4. 将接穗芽片从左向右插入切口处，而后将砧木撬起的树皮撕去一半，另一半合上　5. 选砧木树皮光滑处上下各切一刀，中间纵切一刀，用刀尖将两边树皮分开，形成双开门　6. 将接穗芽片插入砧木树皮开口处，再合上　7. 用塑料条捆严绑紧，露出叶柄和芽

(二十三)套 芽 接

【技术特点】 套芽接简称套接。接穗芽片呈圆筒形,嫁接时套在砧木上,故称套芽接。套接在生长旺季时期进行,一般用于芽接难以成活并且枝条通直、芽不隆起的树种。此法砧木和接穗接触面大,嫁接技术要求较高。接后能很快萌发。

【操作要领】 选择砧木与接穗同等粗度的部位,将砧木剪断,然后把砧木的一圈树皮撕下来,撕皮的长度约3厘米。接穗选用1年生枝,若枝条上部芽已萌发,则选用下部未萌发的芽为接穗。将接芽上部1厘米处剪断,再在下部离芽1厘米处横切一圈,将树皮切断。然后拧动接穗,由下而上取出筒状芽片,也可以用一块小布条先缠住芽片再拧,让布条带动芽片,而取得完整的筒状芽片。

将筒状芽片从上而下套在砧木上,要求大小合适。接后不必用塑料条捆绑,需要将砧木皮由下往上翻,保护接穗,以减少水分蒸发,也可以用一小块塑料薄膜把接芽包上,能促进芽萌发。

【愈合分析】 接穗内侧和砧木木质部外侧生长出愈伤组织,使双方愈合,嫁接时要注意避免双方形成层过多的摩擦。在比好粗细后,下套时不能左右、上下旋转摩擦,由于双方形成层细胞都很幼嫩,因此减少擦伤是成活的关键(图6-24)。

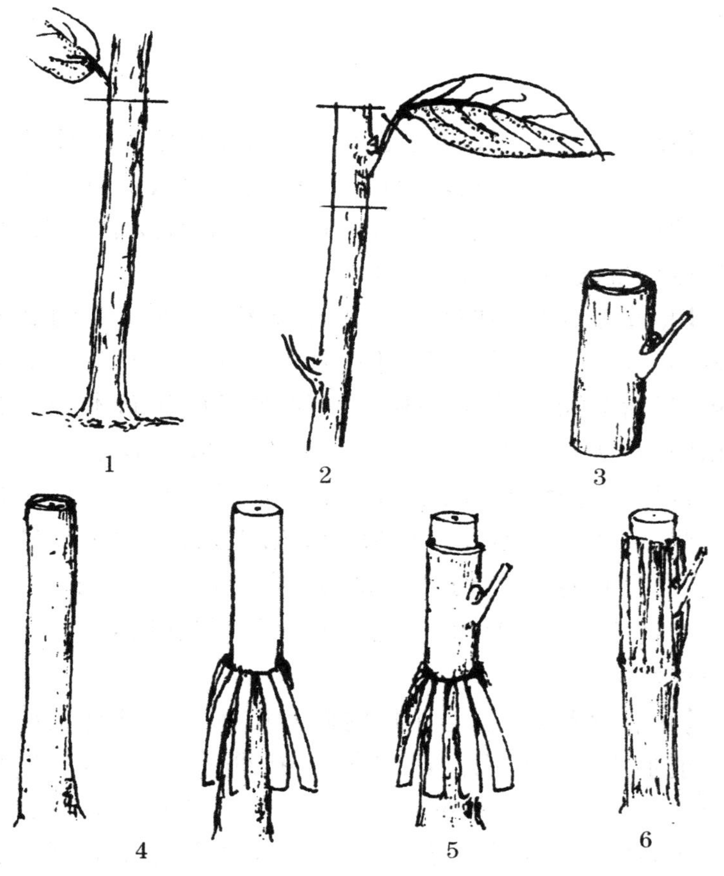

图 6-24　套 芽 接

1. 将与接穗粗度相同的砧木在嫁接处剪断　2. 接穗选择通直的枝条去叶，在芽上方约 1 厘米处剪断，并在叶柄下约 1 厘米处切割一圈　3. 轻轻拧动芽接穗，使筒状芽片与木质部分离，而后从下而上取出　4. 砧木接口处要光滑无分杈，从顶端撕下树皮　5. 将筒状接芽套入砧木木质部上　6. 将砧木树皮上翻，罩在接穗周围，可减少接穗的水分蒸发

(二十四)环形芽接

【技术特点】 嫁接方法类似套接,但是环形芽片是开裂的,套在砧木中间,故称环形芽接。此法适宜嫁接较难活的树种,操作比较复杂,但砧木和接穗接触面大,在生长盛期嫁接,接后易萌发生长。

【操作要领】 在砧木上选好位置,上下相距约 2 厘米各切一圈,再纵切一刀,用刀尖撬开并剥下树皮。如砧木粗于接穗,可适当留些树皮。接穗芽片和砧木切口长度相同,在接芽上下方各切一圈,而后剥取环形芽片。

将接穗芽片套在砧木切口上。接穗芽片如果比切口小一些,一般关系不大。如果大于砧木切口,就不要硬塞进去,必须将芽片再切去一部分,然后再套上,用宽 1～1.5 厘米、长约 30 厘米的塑料条捆绑。包扎时,要避免接芽来回转动。

【愈合分析】 接穗芽片内侧和砧木木质部外侧的形成层能形成愈伤组织。双方愈合,接穗芽片较厚,一般形成愈伤组织较多。另外,芽片和砧木切口处也能生长愈伤组织,使砧木和接芽上下连接。这种方法在捆绑过程中容易左右转动,损伤形成层,这点必须特别注意,以免影响双方的愈合(图 6-25)。

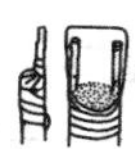

图 6-25　环形芽接

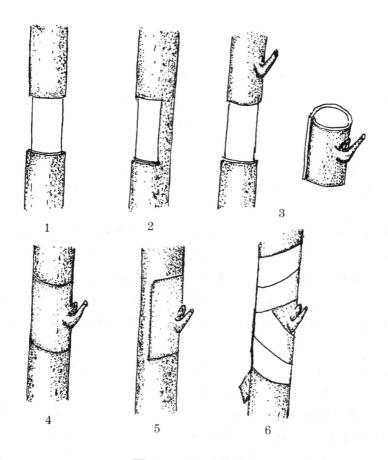

1. 砧木与接穗同等粗时切去一圈树皮　2. 砧木较粗时保留一部分砧木皮　3. 从接穗上切取环形芽片　4. 芽片　5. 接穗芽套入砧木切口处　6. 用塑料条捆绑,一般要露出接芽和叶柄,以便于接芽的萌发

（二十五）芽片贴接

【技术特点】 将砧木切去一块树皮，在去皮处贴上相同大小的芽片，叫芽片贴接。此法在南方常绿树种经常采用。嫁接在生长季进行，成活率高。接后芽容易萌发。

【操作要领】 一般用1年生砧木，在离地10～20厘米树皮光滑处，用刀尖自上而下划两道弧形切口，切口上部交叉。随后，从上向下将皮层挑起，往下撕开长约2.5厘米，用刀切下上半段，留下半段，以便夹放芽片。接穗由上而下用两刀法切取芽片，长2～2.5厘米，宽约0.6厘米，呈长舌形，取芽时将木质部留在接穗枝条上。

将盾状芽片贴入砧木切口，并插入切口下部砧木的树皮中。切口下保留一小块树皮很有用，可使芽片插紧，同时可使砧木切口与接穗芽片长度相等。操作者又可空出双手，用宽1～1.5厘米、长约30厘米的塑料条将芽片捆紧。捆绑时露出芽和叶柄，以便接穗萌发生长。

【愈合分析】 在芽片内部和砧木木质部外侧的形成层能生长出愈伤组织使双方愈合。另外，在接穗四周伤口处也能和砧木伤口生长的愈伤组织相愈合。嫁接时要避免双方形成层擦伤，接穗贴入砧木切口要大小相等或略小一些，不能太大而硬塞进去，影响双方愈合（图6-26）。

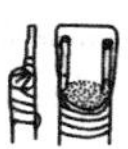

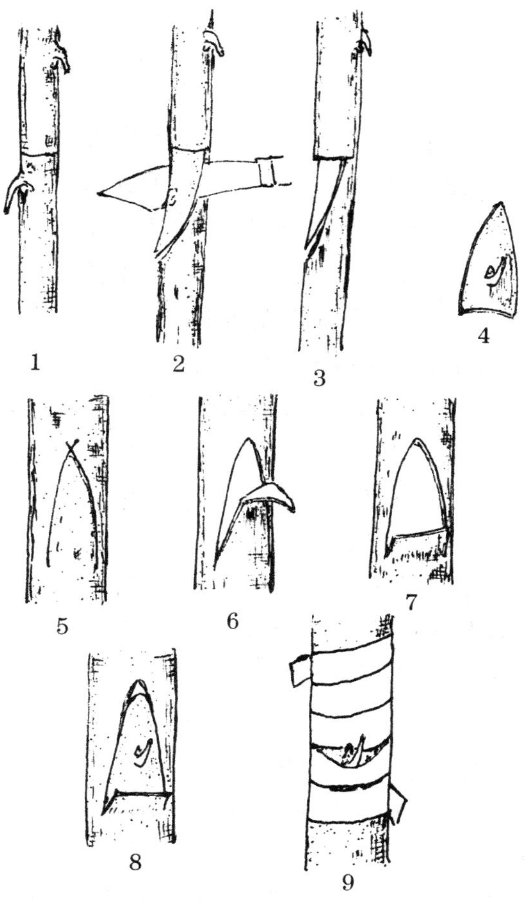

图 6-26 芽片贴接

1. 接穗倒置在芽下端横切一刀 2. 从下而上深切一刀 3. 取下芽片后木质部留在接穗上 4. 芽片 5. 砧木斜向和纵向切口 6. 撕下芽片 7. 去上部砧木皮 8. 贴上接穗芽片 9. 塑料条包扎,露出芽和叶柄

(二十六)补片芽接

【技术特点】 补片芽接又称贴片芽接或芽片腹接法,常绿树的嫁接中常用此法。由于在嫁接没有成活时也常用此法来补接,故称补片芽接法。此法与方块形芽接相似,但砧木切口下半部保留树皮,包住接芽。嫁接在生长旺盛期进行,接后即萌发生长。

【操作要领】 嫁接时,在砧木主干离地 10～20 厘米处横切一刀,宽度近 1 厘米,再在两边直切两刀,长约 2.5 厘米,再用刀尖挑开皮层,用手向下拉开,而后切去 2/3,保留下边的一部分树皮。接穗在芽四周切四刀,用刀尖撬开,手拿叶柄,取出长方形的芽片。

将接穗芽片放入砧木切口处,下端插入砧木皮内,最好接穗与砧木切口大小相等,也可以略小于切口,放入时略有些空隙,绝不能芽片过大而硬塞进去。接后用宽 1～1.5 厘米、长约 30 厘米的塑料条捆紧。一般要求接后即萌发,在绑时露出芽和叶柄。

【愈合分析】 在芽片内侧和砧木木质部外侧生长出愈伤组织,使两者愈合。嫁接时,接穗芽片比较厚,芽饱满有利于成活。砧木伤口四周也能形成愈伤组织和芽片四周愈合,并把空隙填满(图 6-27)。

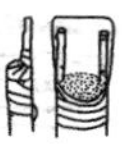

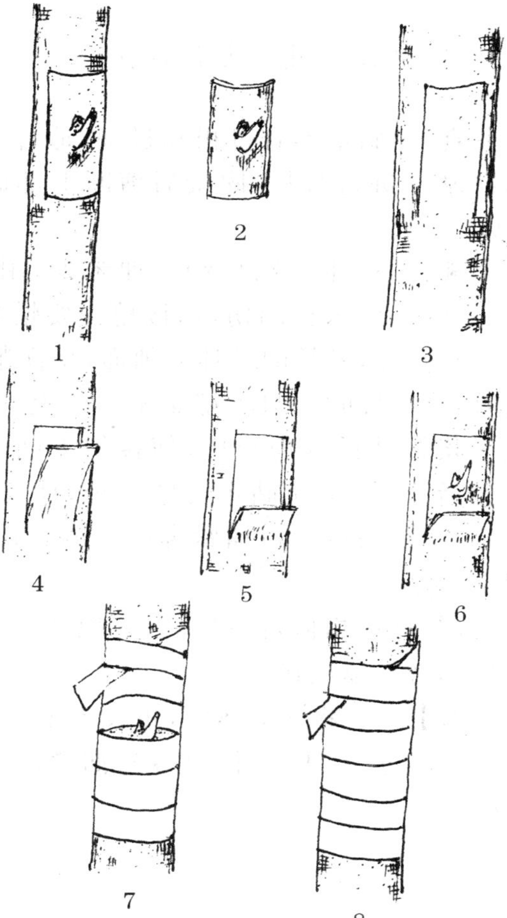

图 6-27　补片芽接

1. 接穗切长方块形切口　2. 接穗取下芽片　3. 砧木上方和左右切口　4. 撬开砧木切口　5. 切去大部砧木皮　6. 插入接穗　7. 塑料条露芽包扎　8. 全封闭包扎

（二十七）顶端腹接

【技术特点】 砧木不宜过粗和过细，适合1～2年生的苗圃地，在基部进行腹接，腹接后剪断上部砧木，即完成顶端腹接。

【操作要领】 砧木在离地约5厘米处，用剪枝剪斜下方向剪一个约3厘米长的伤口，接穗先要蜡封，嫁接时在下部削一个约3厘米长的马耳形削面，反面削一个约2厘米长的削面。嫁接时一只手把砧木剪口上面的剪口拉开，另一只手将接穗插入剪口中，使接穗大削面朝里，小削面朝外，而后放手，可使砧木夹紧接穗，使双方形成层对准。而后用塑料条将接口捆紧绑严。最后在接口上约2厘米处将砧木剪断。

整个嫁接与劈接相似，但顶端容易把砧木切口分开，双方接触紧密，嫁接速度快。

【愈合分析】 如果技术熟练，可使左右上下砧木与接穗形成层相接，愈合良好，伤口容易捆紧，使双方形成层密切相接。

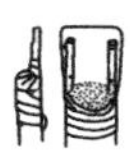

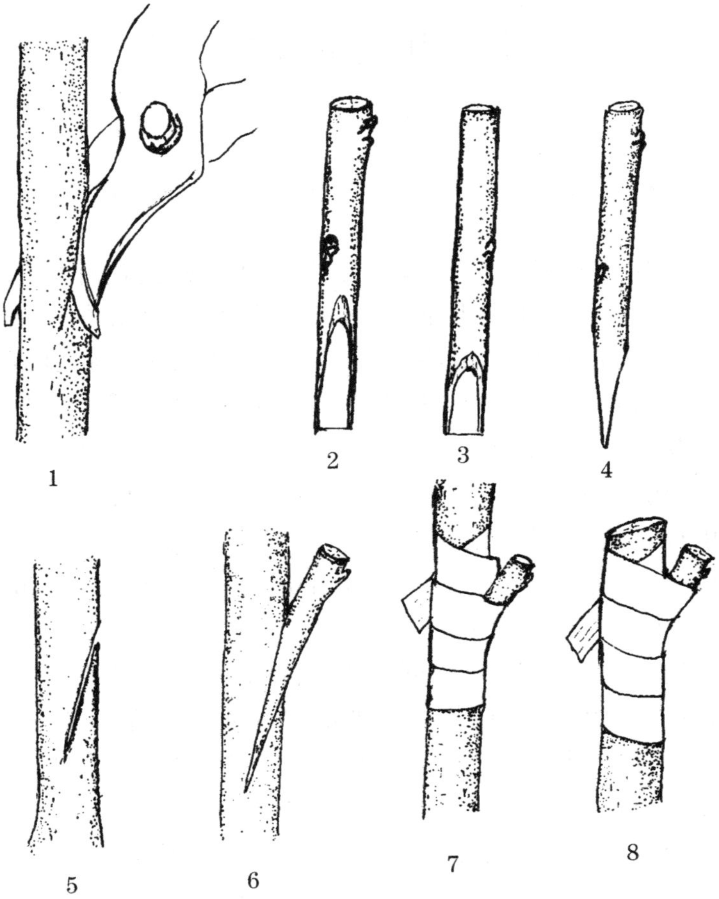

图 6-28　顶端腹接

1. 用剪枝剪将砧木斜向剪一切口　2. 接穗削大削面　3. 反面削小削面　4. 接穗侧面　5. 砧木斜向切口　6. 接穗插入砧木切口，大削面朝里　7. 用塑料条包严捆紧　8. 接口上约 2 厘米处剪断砧木

七、特殊用途的嫁接技术

（一）松柏树及杉木优良种子园的建立

松柏树和杉木是我国主要的用材树和美化环境的树种，其繁殖方法主要是种子繁殖。由于有的亲本经济性状差，其劣质性状会传给后代，为了生产遗传性状良好的种子，可以用嫁接繁殖来建立优良品种的种子园。嫁接用的接穗要通过全国普查，在同一品种林中选择生长速度快、树干通直、生长高大、粗壮、出材率高、材质好的优良单株。将全国各地选出的优良单株编号入册，然后采其接穗，集中嫁接在一个母本园中。一个母本园一般要有 30 个左右的无性系。

通过优良无性系之间的互相授粉，产生遗传性优良的后代，这就建立了优良品种的种子园。在种子园中所采用的种子，与在一般自然林中采的种子相比，在生长速度和木材质量及产量等方面能提高 15％以上。

用嫁接繁殖形成的种子园，长大后能提早开花结实。例如，红松林一般需要 80 年才开始结实，而嫁接树 5～8 年即可结实，提供生产上需要的种子。种子园的树冠矮小，生长集中，采种比较方便，这对松柏树、杉木发展可起到重要的作用（图 7-1）。

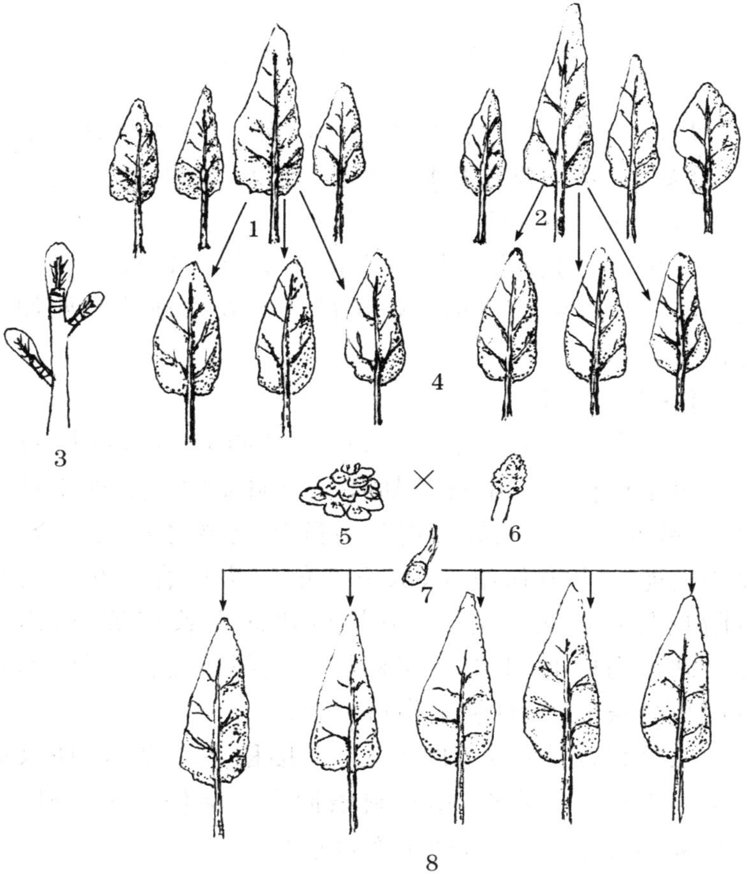

1
2
3
4
5
×
6
7
8

图 7-1　建立优良遗传性种子园

1. 从一个林区中选出优良单株　2. 从另一个林区中选出优良单株　3. 采优良单株的接穗嫁接　4. 建立由几十株优良单株嫁接成的种子园　5. 形成雌蕊　6. 形成雄蕊　7. 互相杂交产生种子　8. 由遗传性优良的种子建成的速生林地

（二）松柏类嫁接技术

【意　义】 建立优良遗传性的种子园（参考图 7-1）。

【砧木、接穗的选择】 砧木一般用本砧，华山松和五针松可选用油松和黑松作砧木。砧木树龄宜用 2～3 年生的幼树，若用较大的树则应接在 1 年生嫩枝上。接穗用 1 年生长势强的枝梢。嫁接最宜在春季顶芽开始伸长时进行。

【嫁接方法】

一是合接法（参考图 6-11）。又叫髓心形成层对接法。由于松树 1 年生枝条都有一个明显的髓部处于枝条中心，故叫髓心。在嫁接时双方除形成层之间能愈合外，髓心也能产生愈伤组织，双方又能促进愈合。嫁接时接口附近的针叶要去除，双方接口切面大致相等，露出髓心。砧木伤口上、下部及接穗接口上部还需保持针叶，接后用塑料条捆紧，有利于伤口愈合。

二是腹接法（参考图 6-14）。接穗小于砧木，插入砧木 1 年生枝顶端附近，用塑料条捆绑。除伤口附近外，砧木和接穗要保留针叶，利于伤口愈合。

三是方块芽接（参考图 6-22）。又叫针叶束嵌接，嫁接方法同方块芽接，接后用塑料袋套在新梢上。接后 1 个月，针束呈绿色，证明已经成活，应及时去袋，并在接口 1 厘米处剪砧。然后在针叶束块范围内涂抹含有细胞分裂素的羊毛脂，促进松针束中间芽的萌发生长（图 7-2）。

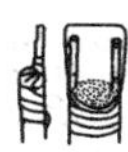

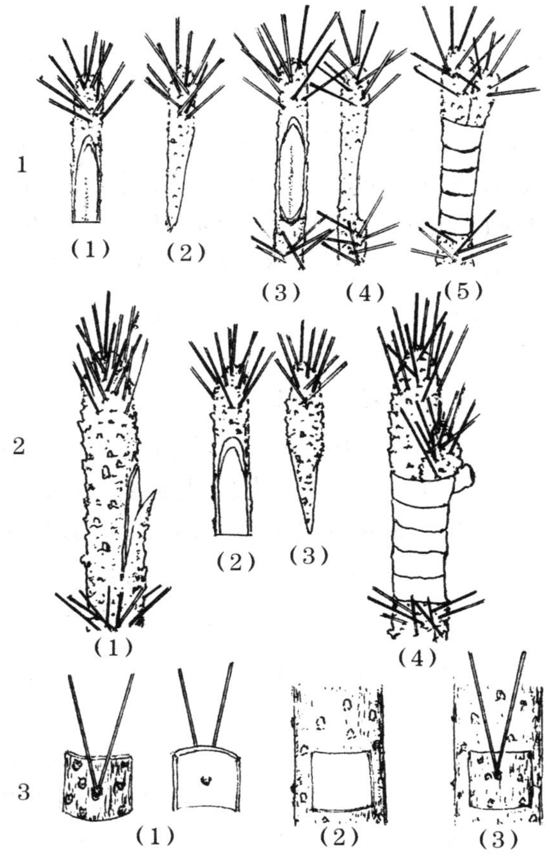

图 7-2 松柏类嫁接技术

1. 髓心形成层对接 (1)接穗切削正面 (2)接穗切削侧面 (3)砧木切削正面 (4)砧木切削侧面 (5)接合及捆绑

2. 腹接 (1)砧木切削 (2)接穗切削正面 (3)接穗切削侧面 (4)接合及捆绑

3. 方块芽接 (1)切下的芽片 (2)砧木切削 (3)接合

（三）五针松嫁接繁殖及盆景制作

【意　义】 五针松枝干苍劲挺拔，针叶葱茏翠绿，是绿化环境及制作盆景的珍贵树种。五针松可用播种、扦插和嫁接繁殖。由于种子量极少而且出苗后生长慢，扦插生根非常困难，生长也缓慢。嫁接繁殖可以利用生长快的砧木，嫁接后生长快，便于制作成各类盆景，因此应用较为广泛。

【砧木、接穗的选择】 黑松和马尾松等都可作砧木，但黑松亲和性最好，选用3年生幼树生长力强，成活率高。也可以用造型好、树龄较大的黑松作砧木，培养姿态苍老的桩头盆景。接穗可选枝短而密的法国品种短叶五针松，还有螺旋弯曲的龙爪五针松，以及日本的矮丛五针松，它们均是制作盆景的上品。接穗要选择生长势强1年生顶枝梢。嫁接时期以早春为好。

【嫁接方法】

一是劈接法（参考图6-6）。取当年萌发的五针松嫩枝，长约6厘米，除去下部3厘米处的针叶，用刀将两面削成楔形。砧木截去一部分，将伤口下3厘米处针叶抹去，进行劈接。接后捆塑料条，套上塑料袋。

二是老桩嫁接。采用多头腹接法（参考图6-14）。接穗上下都有分布，砧木枝条角度要开展，保留部分针叶，接口用塑料条捆紧，套塑料袋。嫁接成活后要抑制砧木生长，促进接穗生长，而后逐步剪除砧木，培养2～3年后即能形成桩头盆景（图7-3）。

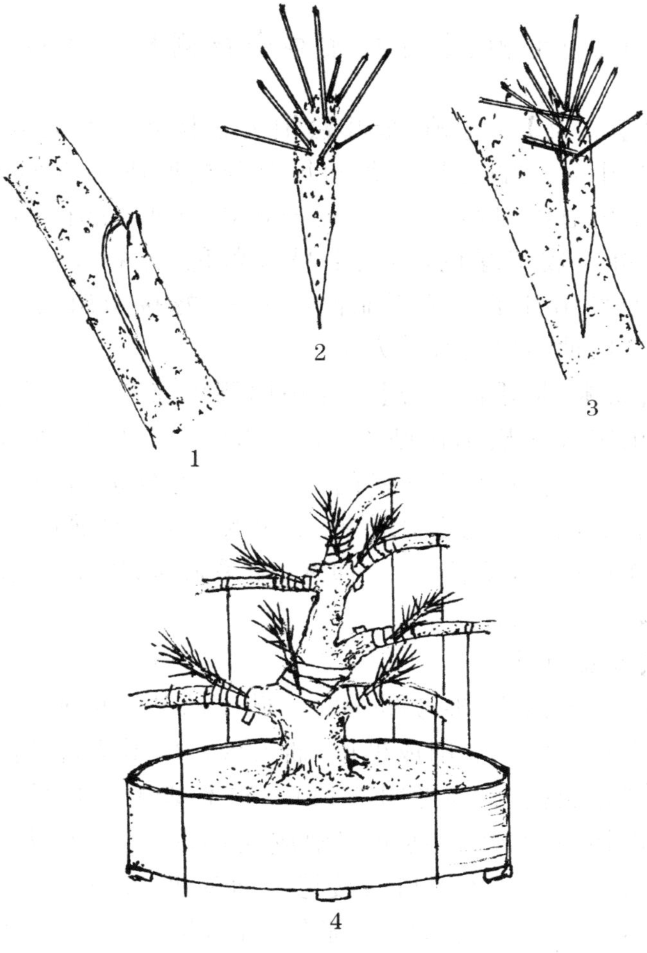

1

2

3

4

图 7-3　五针松的嫁接及盆景制作

1. 砧木在分枝基部切口　2. 接穗切削　3. 接穗插入切口　4. 嫁接后的五针松盆景(砧木用绳子绑缚开张角度而后嫁接)

（四）龙柏、金叶桧柏和金枝侧柏的嫁接

【意　义】 龙柏、金叶桧柏和金枝侧柏都是长期发展过程中发生的变异。龙柏每个分枝形成小塔形树冠，使整个树冠貌似群山叠起，优美壮观；金叶桧柏和金枝侧柏，枝叶变成黄绿色，阳光下呈金黄色，光彩夺目。但是这些变异用种子繁殖不能保留下来，嫁接繁殖是发展这类变异树种的快速有效方法。

【砧木、接穗的准备】 龙柏用侧柏或圆柏作砧木，金叶桧柏用普通桧柏作砧木，金枝侧柏用侧柏作砧木。一般用 2～3 年生生长旺盛的砧木。接穗分别用株形好的龙柏和颜色鲜艳的金叶桧柏、金枝侧柏树，要剪取顶端强壮枝作接穗，接穗长约 10 厘米，随采随接，以早春迅速生长时嫁接为最好。

【嫁接方法】

一是劈接法（参考图 6-6）。砧木从基部剪断，接穗下部除去鳞片状叶后削成楔形，插入劈口后用塑料条捆绑。

二是腹接法（参考图 6-14）。砧木基部由上而下深入木质部切一切口，接穗下部削成楔形，一边切口大些，一边切口小些。插入切口时接穗大面朝里，小面朝外，而后用塑料条捆绑。砧木的叶部分保留，接后 1 个月再将接口上部砧木逐步剪除。

以上嫁接在北方春季干燥，接后需用塑料袋或塑料拱棚保湿，在南方潮湿地区可不必保湿（图 7-4）。

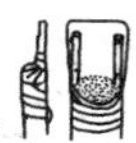

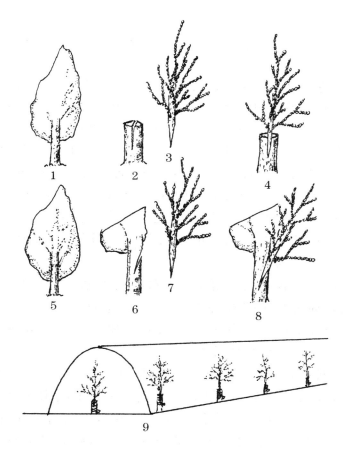

图 7-4　龙柏、金叶桧柏和金枝侧柏的嫁接

1. 砧木(侧柏树苗)　2. 砧木剪断后劈口　3. 接穗下部削成楔形　4. 接穗插入砧木劈口中　5. 砧木(侧柏树苗)　6. 砧木剪截一大半基部斜下向切口　7. 接穗下部切削成一面大一面略小的楔形　8. 接穗插入砧木斜向切口处,对准一边形成层　9. 接口用塑料条捆绑,并扣小拱棚保持湿度

（五）彩叶树的高接换种

【意　义】 自然界的树叶，在生长期绝大多数是绿色的，到秋季一些树叶产生黄色、红色和紫色等色彩，也有少数树木，生长期能保持红色、紫色、橙色、黄绿色等颜色，把所在的环境装扮得更加美丽。由于美化树种金叶女贞等得到人们的重视，近几年来，各地又选出一些新的彩叶变种，如金叶榆、金叶国槐、金枝槐、金叶刺槐、红叶杨、红叶臭椿、紫叶梓树、金叶皂荚等变异树种，需加速发展。但用种子繁殖都不能保持其特性，用高接换种是一种高速发展的方法。

【砧木、接穗的选择】 砧木可用本砧。如红叶臭椿可用普通臭椿作砧木，金叶榆树用普通榆树作砧木，最好用生长旺盛的幼树作砧木。从彩叶树上采生长旺盛、芽饱满的上部发育枝作接穗。

【嫁接方法】 采用多头接，嫁接头数由砧木大小来决定，如 5 年生砧木可接 10 个头，10 年生砧木接 20 个头。一般多生长 1 年多接 2 个头。嫁接方法可采用插皮接（参考图 6-1）或劈接（参考图 6-6）。内膛要补充枝条，可用皮下腹接法（参考图 6-15）。多头芽接又是一种多头高接的方法，砧木最好为 2～5 年生，在秋后停止生长时进行，可采用嵌芽接（参考图 6-21）嫁接在当年生的粗壮枝条上。接后用塑料条全封闭捆绑。翌年春季芽萌发前在接芽前剪砧，促进接穗萌发（图 7-5）。

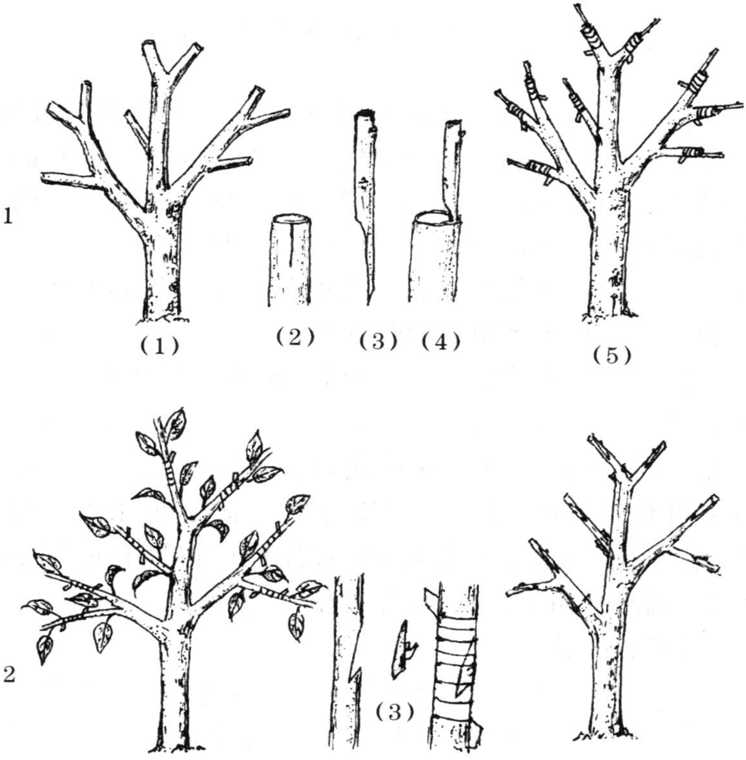

图 7-5　彩叶树的高接换种

1. 多头枝接　(1)砧木截头　(2)砧木接口　(3)接穗切削　(4)用插皮接将接穗插入砧木中　(5)用塑料条捆绑后全树情况
2. 多头芽接　(1)砧木枝条基部进行芽接　(2)砧木切削　(3)接穗切削　(4)接合后用塑料条捆绑　(5)翌年春季剪砧后全树情况

（六）彩叶树的嫁接育苗

【意　义】 前面讲的近几年发现一些新的彩叶树，另外原有的彩叶树也有很大差异。例如，紫叶李有的叶色暗紫色，而有的呈鲜艳的紫红色；枫树类到秋季有的树叶色彩黄里透红，色鲜红而且保留时间长，有的呈一般的黄绿色。为了美化环境必须发展色彩斑斓的彩叶树。在育苗上应改种子繁殖为嫁接繁殖。

【砧木、接穗的培养和选择】 砧木一般用普通砧木，采集种子后在苗圃进行播种，要求生长旺盛，用当年或1年生幼苗，在秋季进行芽接或者春季进行枝接。接穗要在彩叶色彩斑斓、彩叶时期长的树上采集，要采上部的发育枝。为了要多生长接穗，应对优种树在早春进行重截修剪，刺激其萌生旺枝，可作接穗。

【嫁接方法】

一是秋季芽接。一般可采用"T"字形芽接（参考图6-19）或嵌芽接（参考图6-21）。接后用塑料条进行封闭捆绑。接芽当年不萌发，到翌年春季将接芽以上的砧木剪除，生长1年可形成壮苗。

二是春季枝接。一般在苗圃嫁接，可用切接（参考图6-8）或劈接（参考图6-6）。接穗要先蜡封，成活后加强管理，当年即能形成壮苗。

彩叶树的树苗在苗圃即能看出其叶片彩色的表现，对优种树也可以采接穗进一步繁殖（图7-6）。

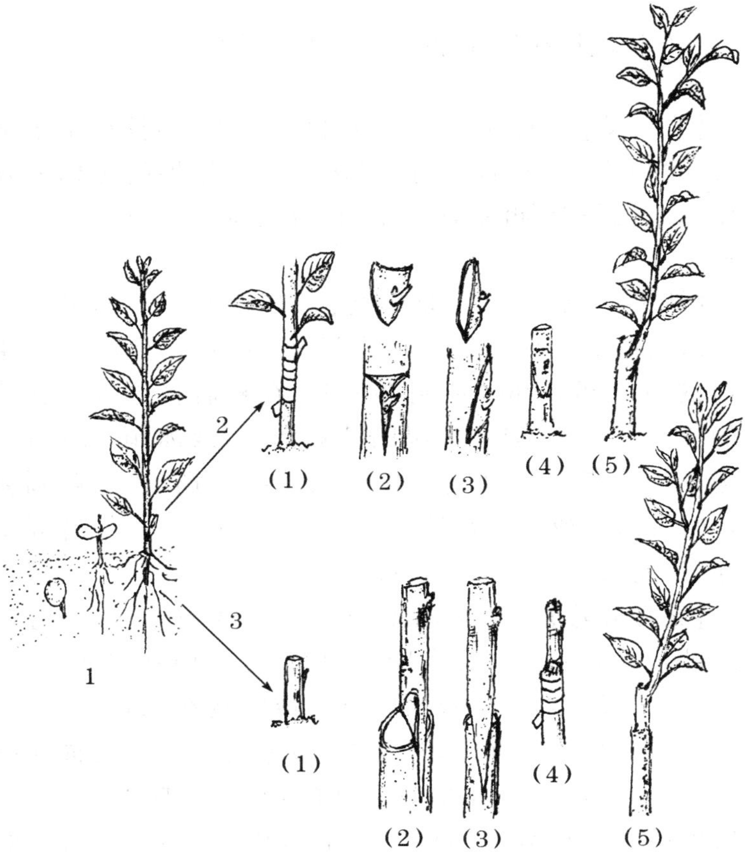

图 7-6　彩叶树的嫁接育苗

1. 苗圃播种培养砧木苗　2. 秋季芽接　(1)在砧木基部芽接不剪砧，接芽不萌发　(2)采用“T”字形芽接　(3)采用嵌芽接　(4)翌年春季剪砧　(5)接芽生长形成壮苗　3. 春季枝接　(1)1 年生苗在基部枝接　(2)砧木大于接穗用切接　(3)砧木与接穗相等用劈接　(4)接后捆绑　(5)生长到秋季形成壮苗

（七）扦插难生根杨树的冬季嫁接繁殖

【意　义】 毛白杨及一些白杨派杂交杨扦插生根很困难，可以在冬季利用冬闲嫁接在容易生根的黑杨或青杨派杨树枝条上，再用扦插繁殖，可使难生根杨树的发展加速。

【砧木、接穗的选择和贮藏】 苗圃地种植的黑杨或青杨派杨树如加杨、青杨、北京杨等，为了培养大苗，1 年生苗的地上部分都要从基部剪截，在秋后将这些生长旺盛的枝条绑成捆，埋在低温的沙藏沟内，或冰箱、冷库内。接穗用毛白杨或其他优良白杨派的杂交杨，也从苗圃剪截，同样沙藏，或贮藏在冰箱、冷库内要求低温，保持湿度及通气，而后到冬季取出嫁接。

【嫁接方法】 如果砧木与接穗粗度相等，可用劈接（参考图 6-6）和合接（参考图 6-11）。接后用麻皮捆绑，而后再贮藏在低温保湿的沙藏沟内，或贮藏在冰箱、冷库内如果砧木比接穗粗，可用劈接法（参考图 6-6）。接穗在砧木的一边，接穗较细如爆竹上面的炮捻，故叫“炮捻接”。接后也用麻皮捆绑后冷藏。以上嫁接条到春季扦插，麻皮腐烂在土中。砧木扦插很容易生根，毛白杨等能很快生长，但移苗时要埋深一些，促进毛白杨等产生自生根，可防止后期不亲和（图 7-7）。

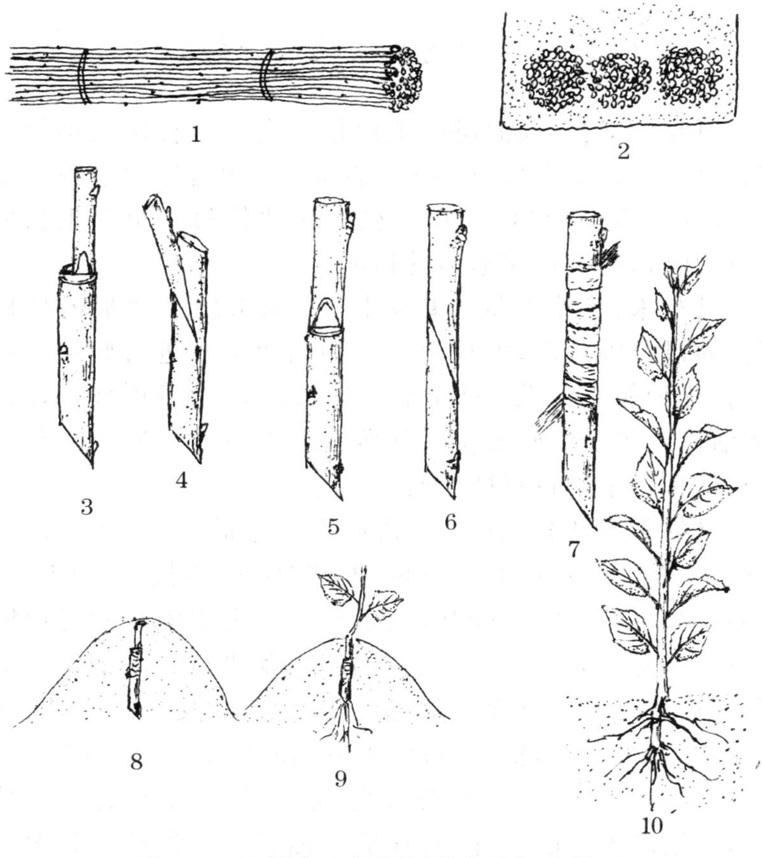

图 7-7　扦插难生根杨树的冬季嫁接繁殖

1. 入冬前将易生根的砧木与不易生根的白杨派接穗捆成捆　2. 将成捆的杨树条用湿沙埋在阴凉的沟内　3. 靠一边劈接　4. 腹接　5. 两边对齐的劈接　6. 合接　7. 用麻皮捆绑　8. 春季扦插地膜覆盖　9. 生根和发芽　10. 移栽时栽植要深，接穗能自生根

（八）加速杨树发展的分段嫁接法

【意　义】 前面讲的毛白杨等白杨派扦插困难的可利用嫁接繁殖，另外有些稀有品种如红叶杨、中华香杨等需要快速发展，可以采用分段嫁接法使每一个芽生长成一棵壮苗，达到快速繁殖的目的。

【砧木、接穗的培养贮藏】 砧木采用易生根的杨树苗，通过苗圃育苗，生长出旺盛的当年生枝进行嫁接。接穗在优种树上采集，同样采集生长旺盛的当年枝。嫁接成活后在冬季最好剪截后沙藏在低温、保湿、通气的环境中，翌年春季进行扦插繁殖。

【嫁接方法】 在秋季砧木生长达最高时，从下而上进行芽接，嫁接方法一般可用"T"字形芽接（参考图 6-19）。如果嫁接时期较晚，砧木和接穗离皮困难时可用嵌芽接（参考图 6-21）。嫁接后用塑料条进行封闭捆绑。分段嫁接法要求从下而上每隔约 12 厘米嫁接一个芽，一般苗高 2.5 米左右，梢部不接，中下部能接 15 个芽左右。

到初冬树苗落叶后分段剪截，每段上顶端有一个接芽，并把砧木上的芽抹去，捆成小捆后进行沙藏。到翌年春季扦插，生根和发芽快（图 7-8）。

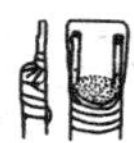

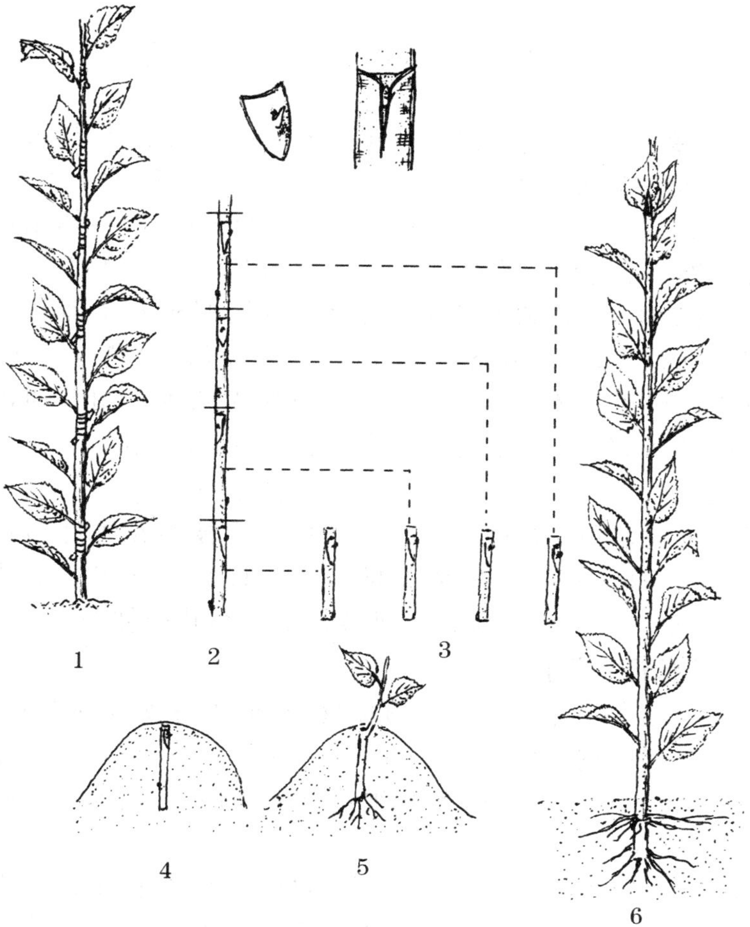

图 7-8　加速杨树发展的分段嫁接法

1. 在易生根的砧木上分段嫁接　2. 春季扦插前剪成小段　3. 每个接芽为每段的顶芽，并把砧木芽抹去　4. 春季扦插，并覆盖地膜　5. 生根和发芽　6. 移栽时栽植要深，接穗能自生根

（九）垂枝型树木的高接和管理

【意　义】 有些树木及花灌木枝条扭曲下垂，树冠呈伞状，姿态别致优美，如龙爪槐、垂枝榆、垂枝桑、龙须枣、垂枝碧桃、垂枝梅等都是重要的绿色美化树种。这些树木用种子繁殖不能保持垂枝特性，必须用高接法进行繁殖。

【砧木、接穗的培养和选择】 垂枝型树木不能从砧木基部嫁接，因为枝条下垂，所以长不高，必须进行高接。砧木一般可用本砧，如龙爪槐用国槐为砧木。用普通国槐的种子繁殖，需要在苗圃中生长 3～4 年，培养主干要高达 2.5 米以上，而后在主干或分枝上嫁接。生长高大的国槐树，可以就地多头高接。其他垂枝型花木嫁接部位可适当低一些，一般姿态优美的干以高 1.5 米左右为宜，便于游人活动。接穗从垂枝树上采粗壮的枝条。

【嫁接方法】

一是春季嫁接。用蜡封接穗，在砧木芽萌动时嫁接，一般采用插皮接（参考图 6-1）、合接（参考图 6-11）或劈接（参考图 6-6）。对大砧木必须进行多头高接。接口大时，接 2～3 个接穗后套塑料袋。

二是秋季芽接。对于较小的砧木，可在秋季高位芽接，一般可用“T”字形芽接（参考图 6-19）或嵌芽接（参考图 6-21）。接后当年不萌发，到翌年春季在接芽上部剪砧后萌发生长。

以上嫁接成活后，冬季要进行短缩修剪。剪口芽向上向外，可使垂枝型树冠不断扩大（图 7-9）。

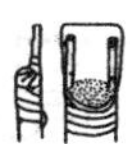

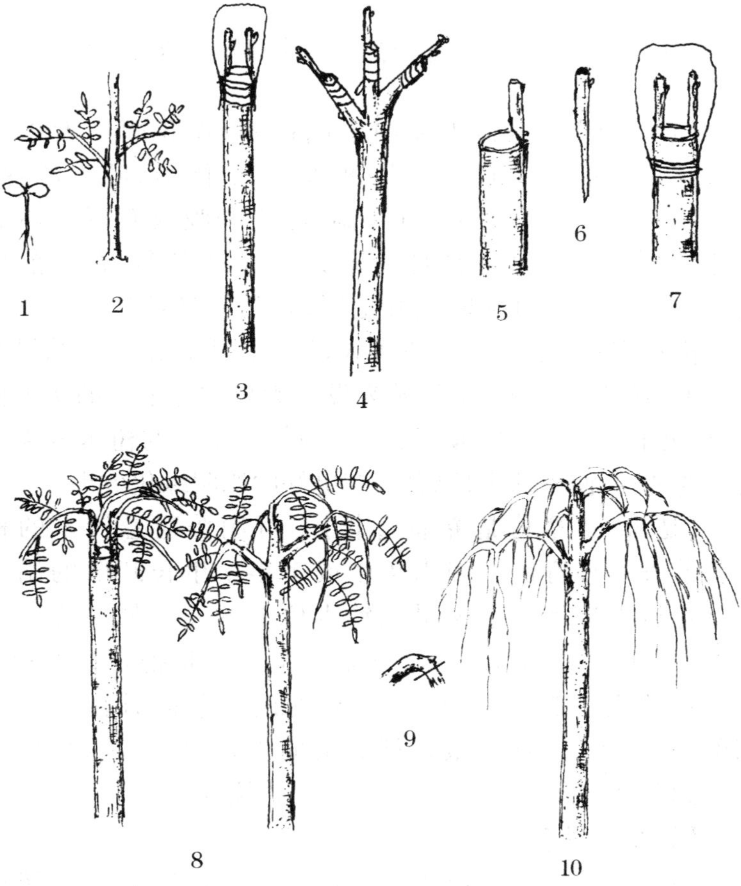

图 7-9　垂枝型树木的高接和管理

1. 苗圃播种砧木种子　2. 清除侧枝培养高干　3. 单头高接　4. 多头高接　5. 插皮接　6. 接穗切削　7. 接口较大时插 2 个接穗后套塑料袋　8. 嫁接后当年生长情况　9. 冬剪时延长生长的芽选留上芽和外芽　10. 接后翌年生长情况

(十)无果悬铃木的嫁接和建立采穗圃

【意　义】 悬铃木又叫法国梧桐,在我国广大中部地区是重要的行道树。生长迅速,树姿优美,叶大浓绿,在大路旁形成林荫大道,有降温、滞尘和吸收有毒气体的功能。美中不足之处是悬铃木大树结果很多,春季落果时,果毛飞扬,而且嫩叶期叶毛脱落,污染环境。

南京市花木公司王荫堂等人,从大树中选出了不结果和叶毛少的优株,可用嫁接繁殖来发展无果和叶毛少的法国梧桐,解决了果毛污染环境的问题。同时,无果的树木减少了营养的消耗,使植株生长更快,有更好的遮阴绿化效果。

【砧木、接穗的培养和选择】 可用普通悬铃木的种子在苗圃播种育苗。用当年生或1年生生长旺盛的砧木进行嫁接。接穗采于无果悬铃木树上的发育枝。为了增加优质接穗的数量,最好建立采穗圃。就是把嫁接苗按1米左右的距离栽种,专门作为采穗用。采穗时在枝条基部留2～3个芽,剪一根接穗后又能生长出2～3根接穗。采穗圃每年可提供1万～2万根优质接穗。

【嫁接方法】

一是春季枝接。用蜡封接穗,在砧木基部嫁接,嫁接方法可用切接法(参考图6-8)或劈接法(参考图6-6)。当年能形成强壮的幼苗。

二是秋季芽接。秋季在苗圃嫁接,嫁接方法可用"T"字形芽接(参考图6-19)或嵌芽接(参考图6-21)。翌年在接芽上部剪砧,生长1年即成壮苗(图7-10)。

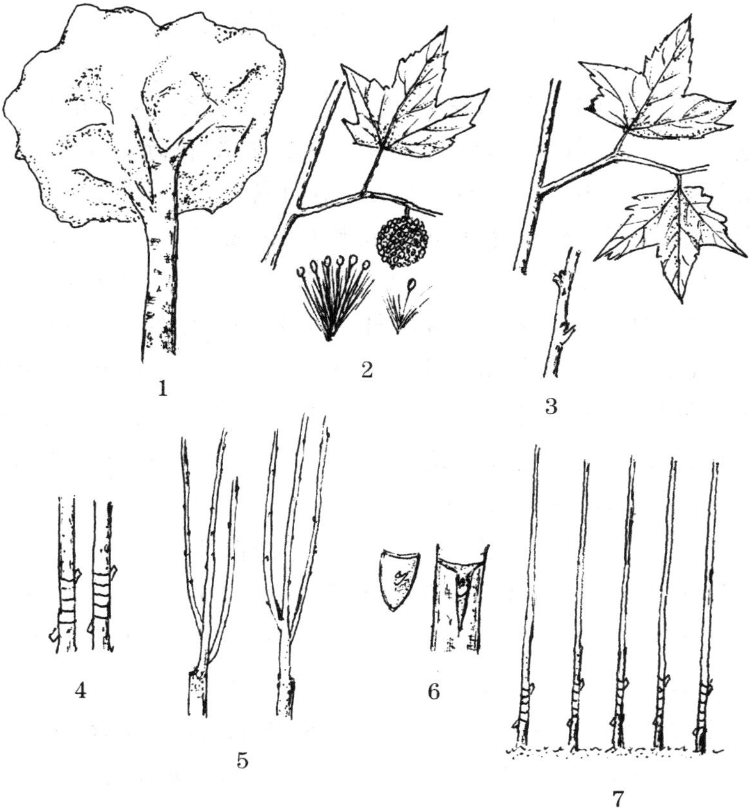

1 2 3 4 5 6 7

图 7-10　无果悬铃木的嫁接和建立采穗圃

1. 树冠高大的林荫道悬铃木　2. 悬铃木有很多果实飞散出大量绒毛　3. 从悬铃木中选出了无果悬铃木采其接穗　4. 嫁接在幼苗上　5. 培养专用采接穗的采穗圃，增加了接穗数量　6. 用"T"字形芽接法嫁接　7. 发展大量无果悬铃木作为林荫树

（十一）杜鹃的嫁接繁殖

【意　义】 杜鹃花是我国十大名花之一，分布广泛，花繁叶茂，花色繁多，而且绚丽多姿。杜鹃花除自然界漫山遍野的生长外，另一个重要分枝是向盆栽方向发展，形成体型矮小、多重瓣花、花色尤为娇艳的盆栽花卉，而且多在元旦、春节开放，增加节日气氛。除我国品种外，还有西洋杜鹃、东洋杜鹃等品种，盆栽的杜鹃主要是采用嫁接繁殖。

【砧木、接穗的培养】 砧木一般采用生长势强的大叶毛杜鹃。大叶毛杜鹃可以播种繁殖也可以扦插繁殖，但是种子非常细小，小苗生长缓慢，所以发展盆栽杜鹃，大多用扦插法来繁殖砧木。

砧木扦插温度以 20℃～30℃为宜，室外扦插在春季或秋季为好，温室内扦插以冬季为宜。土壤要用肥沃的沙壤土，在苗床内铺一层 3 厘米厚的基质。理想的基质是用草炭土和锯末按 4∶6 混合或河沙和蛭石按 1∶1 混合，铺在土上。从生长旺盛的大叶毛杜鹃上选择当年生枝条，每个枝条剪截成 5 厘米左右长的小段，留 3～5 片叶。用利刃将下部切成马蹄形斜面，而后插入基质中，要喷水保湿。扦插苗长到 15 厘米左右即可嫁接。接穗用优良品种生长旺盛的顶梢，带 2～3 个叶片。

【嫁接方法】 采用劈接法（参考图 6-6）。用塑料条捆绑，而后用塑料袋套上。温室中大量嫁接，不必套袋，可用弥雾保湿或接后用塑料棚保湿（图 7-11）。

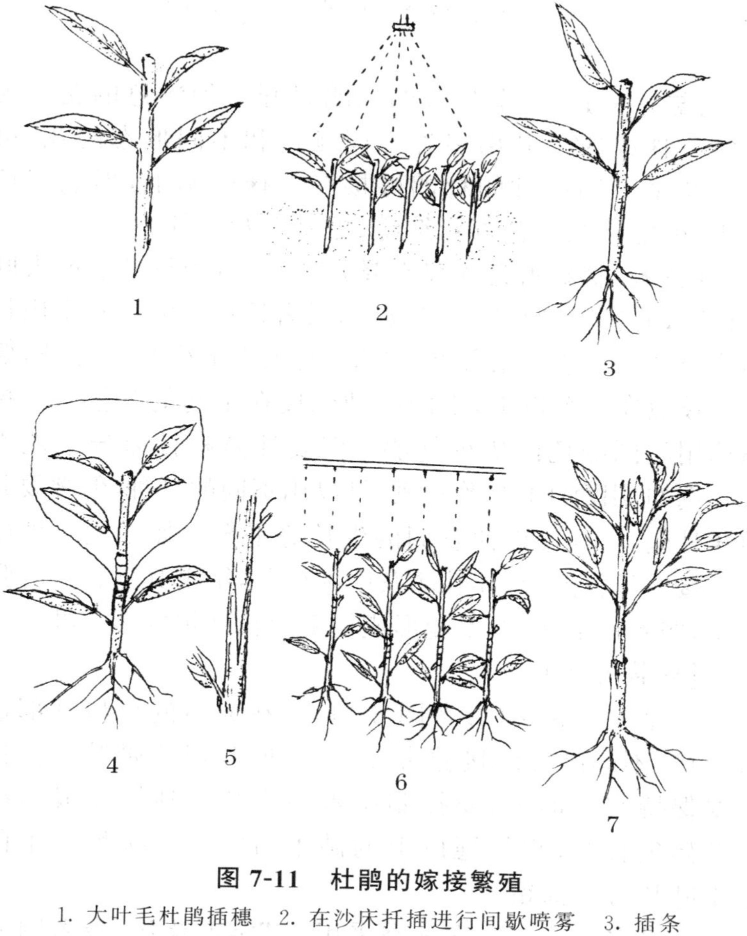

图 7-11　杜鹃的嫁接繁殖

1. 大叶毛杜鹃插穗　2. 在沙床扦插进行间歇喷雾　3. 插条生根可作砧木　4. 嫁接杜鹃良种　5. 用嫩枝劈接法嫁接　6. 大量嫁接时用间歇喷雾保持湿度　7. 嫁接成活后生长迅速

（十二）多色杜鹃的多头嫁接

【意　义】 一个品种的杜鹃只开一种颜色的花。为了使一株杜鹃上开出多种不同颜色和不同形态的花，可以把几个不同品种的杜鹃嫁接在一株砧木上，形成多色杜鹃，可使杜鹃花色五彩缤纷，更富有观赏性。

【砧木、接穗的培养和选择】 砧木可用夏杜鹃或大叶毛杜鹃，前者接口有“小脚”现象，后者接口平滑。砧木用扦插法繁殖。一般要培养2～3年，使主干上生长出分枝，要求分枝数在3个以上，不同品种嫁接在不同的分枝上。接穗选用不同颜色的优种杜鹃。但要注意种性差异不能太大。例如，用西洋杜鹃作接穗，可以用不同的品种，但都要是西洋杜鹃，这样可以使它们的生长势平衡。如果同一棵砧木上接西洋杜鹃、东洋杜鹃及中国杜鹃，结果其生长势有强有弱，弱者逐渐死亡，不能形成均衡生长理想的多色杜鹃。

【嫁接方法】

一是多头腹接（参考图6-14）。在大苗的分枝基部进行嫁接，不同品种的接穗带2～3个叶片或不带叶片。接后要保持空气湿度，要控制砧木的生长。到嫁接成活接穗开始生长时，将接穗以上的砧木剪除。在接穗以下的砧木叶片可以保留。

二是多头芽接。在秋季采用“T”字形芽接（参考图6-19）或嵌芽接（参考图6-21）。每个枝上嫁接不同品种，接后当年不萌发。到翌年春季将接芽上部砧木剪除，接穗芽萌发生长（图7-12）。

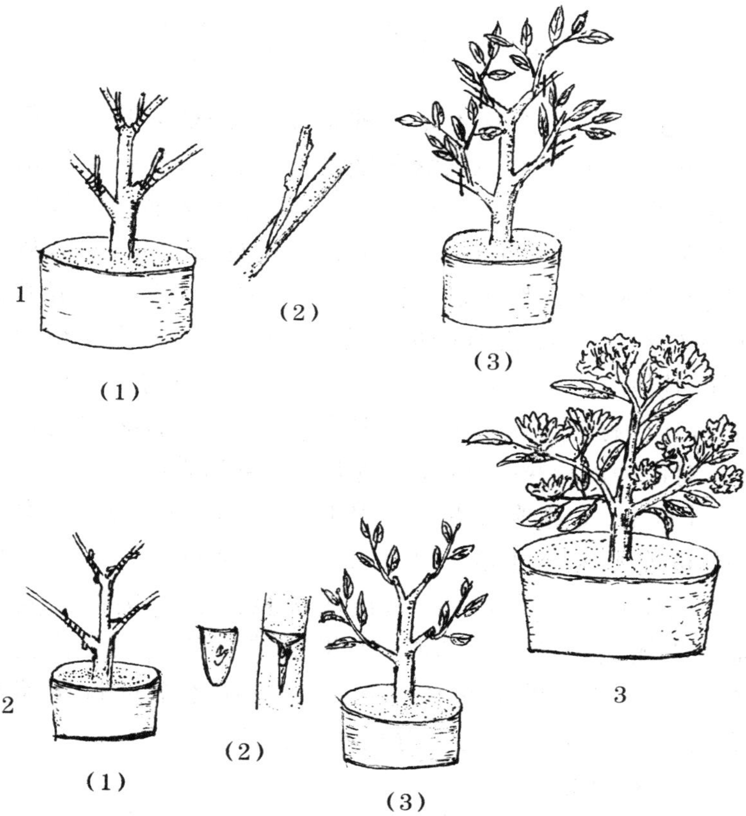

图 7-12　多色杜鹃的多头嫁接

1. 多头腹接　(1)砧木分枝基部进行多头腹接,接穗用不同的品种　(2)腹接方法　(3)嫁接成活后剪除砧木　2. 多头芽接　(1)砧木分枝基部进行多头芽接,接穗用不同的品种　(2)"T"字形芽接　(3)嫁接成活后剪砧,使接芽生长　3. 形成不同枝条开不同品种花的多色杜鹃

（十三）黄连木的选优和嫁接

【意　义】 黄连木是一种彩叶树，到秋天叶片颜色由绿转黄变红，形成红、黄、绿镶嵌的彩叶树。同时，黄连木有大量的种子，种子含油量很高，油的成分和柴油相似故可称为柴油树。由于能生产工业用油，属新能源再生植物，故备受国家重视，各地都计划大量发展。但黄连木是雌雄异株植物，雄株约占一半，没有产量。若从产油量看，只需保留少量雄株，其他应进行改接。另外，由于种子繁殖的后代性状分离大，其产籽量、含油量及品质都有很大差别，必须进行选优。对优种进行嫁接，可极大地提高产量和质量。

【砧木、接穗的培养和选择】 砧木可分2类，一类是现有黄连木树中过多的雄株和低产树进行高接换种。另一类是用种子育苗，而后嫁接成优良品种。接穗首先要选高产优质的黄连木雌株，如果要结合美化就要选色彩鲜艳、彩叶期长的优种树。将优种树在冬季进行压缩修剪，促进生长出强壮的发育枝作接穗用。

【嫁接方法】

一是高接换种。在春季砧木芽萌动时进行多头高接，接穗要蜡封，嫁接方法可用插皮接（参考图6-1）、劈接（参考图6-6）或合接（参考图6-11）。

二是秋季芽接。先在苗圃地育苗培养砧木，到秋季进行芽接，可用“T”字形芽接法（参考图6-19）或嵌芽接（参考图6-21）。接后芽不萌发，到翌年春芽萌发之前剪去接芽以上的砧木，在苗圃中生长1年后可形成壮苗出圃（图7-13）。

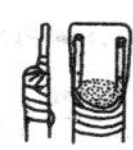

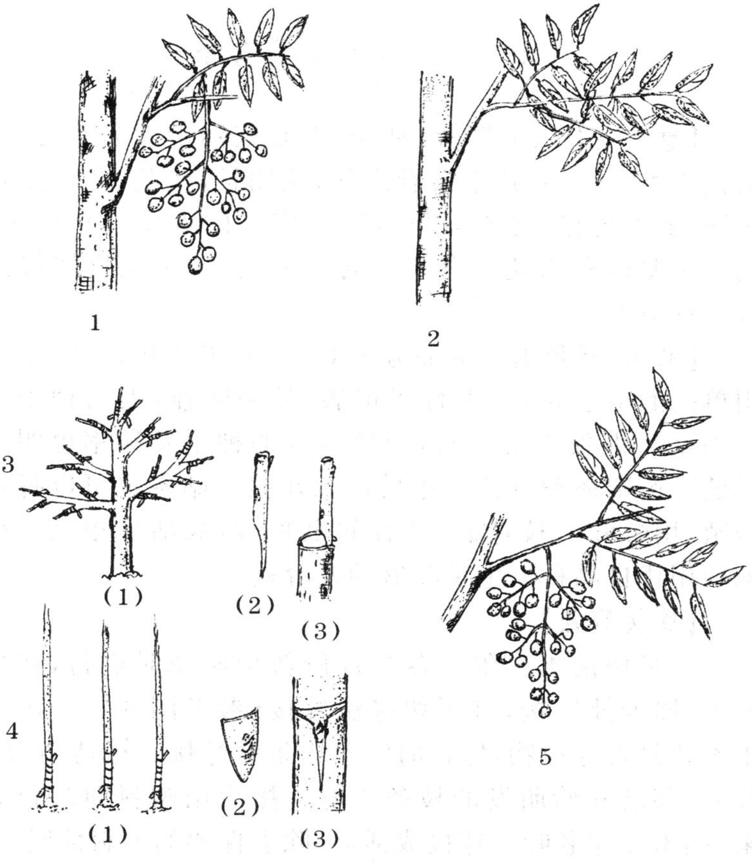

图 7-13　黄连木的选优和嫁接

1. 雌株优种黄连木结果量大，含油量高　2. 雄株及劣种不结果　3. 将大部分雄株及结果差的雌株高接换种　(1)多头高接　(2)采高产树的接穗　(3)插皮接　4. 苗圃育苗　(1)幼苗基部嫁接　(2)采用高产树的接穗　(3)"T"字形芽接　5. 嫁接后形成高产优质的黄连木

（十四）山茶花嫁接育苗

【意　义】 山茶花又叫茶花，是我国十大名花之一。茶花四季常绿，开花于冬春之际，花期长，花色、花形变化多样，姿美色艳，是南方风景区及庭院的重要美化树种。北方主要培养盆花。山茶花的品种繁多，必须用嫁接法进行育苗繁殖。

【砧木、接穗的培养和选择】 砧木主要用油茶，也可用单瓣的山茶花，要求种子饱满，随采随播，因为种子干燥失水后即失去发芽力，即使沙藏的种子发芽率也明显降低。苗圃播种生长 1 年后可以嫁接。砧木也可以扦插繁殖，用带叶嫩枝扦插，结合间歇喷雾，成活率很高。接穗选用优良品种上生长旺盛的发育枝。

【嫁接方法】

一是切接法。在早春 3 月份新梢萌动时进行，在离地 15 厘米处嫁接，可用切接法嫁接（参考图 6-8）。由于山茶花是常绿植物，嫁接时宜采用带叶嫁接。接穗用带 2 片叶、芽已开始萌发的枝条为好。接后用塑料薄膜包起来，砧木保存老叶。嫁接成活后，除去保湿的塑料薄膜。

二是芽接法。在 5～6 月份进行。方法可用“T”字形芽接（参考图 6-19）或补片芽接（参考图 6-27）。接在砧木的中下部，接后不剪砧，待嫁接成活后分 2 次剪砧。先截去砧木顶部控制生长，待接穗明显生长后再截去接芽上部的砧木，接芽下部砧木上的叶片可以长期保留（图 7-14）。

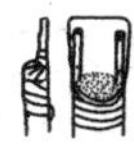

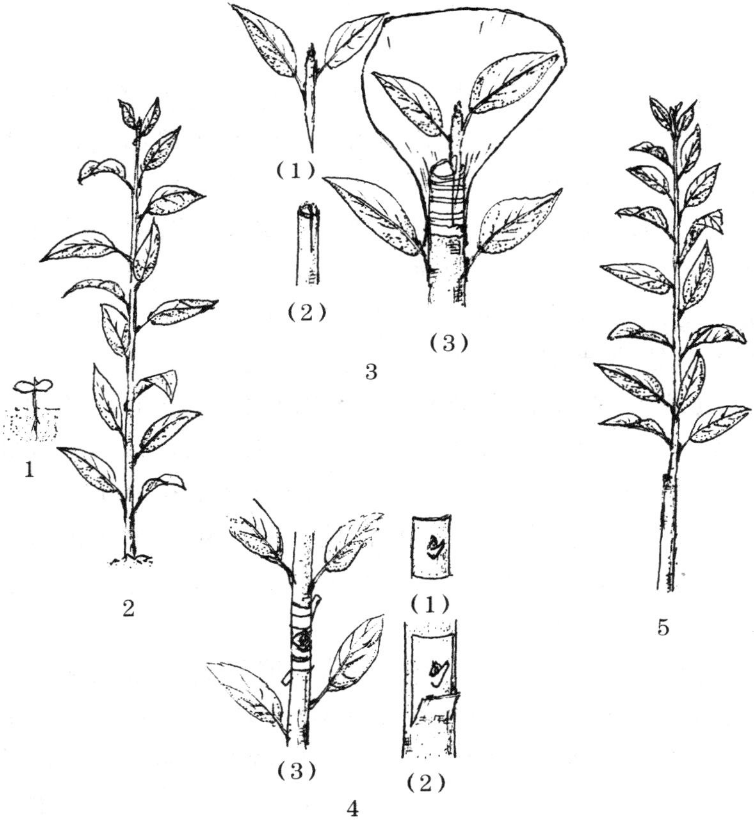

图 7-14　山茶花嫁接育苗

1. 砧木播种　2. 砧木苗　3. 春季枝接　(1)接穗留 2 叶下部削成楔形　(2)砧木切口　(3)切接后套塑料袋　4. 夏、秋季芽接　(1)接穗　(2)用补片芽接法嫁接　(3)用塑料条捆绑露出接芽　5. 嫁接成活后优种山茶花生长情况

（十五）山茶花的高接换种

【意　义】 山茶花是我国南方地区的重要花卉。近年来我国新选育了一批优良品种，另外从美国引进一批复色大花型突变品种，如贝拉大玫瑰、迷彩雅、闪烁、贝维莉小姐等。为了加速这些品种的发展，可以把一些相形见绌的品种进行高接换种。由于山茶花寿命很长，高接换种是改劣换优的重要手段，同时也可以在一棵树上嫁接几个品种，形成五颜六色的奇特景观。

【砧木、接穗的选择】 砧木用花色差或单瓣的山茶树，以生长旺盛的树为好。对于树龄过老的树，最好先重压缩进行更新修剪后嫁接在更新的旺盛生长枝上。接穗选用优良品种生长旺盛的发育枝。专门用于繁殖的优种树需重修剪，不要开花，刺激生长旺盛的枝条专供采集接穗用。

【嫁接方法】 在春季新芽萌发时进行。采用多头高接法，嫁接头数与树冠大小呈正比，嫁接口的粗度以直径2～4厘米为宜。一般一棵10年生的树应接20～30个头，20年生的树应接40～60个头。接头多可使树冠圆满。嫁接方法可用插皮接（参考图6-1）或贴接（参考图6-5），接穗保留部分叶片，接后套塑料袋。另外，为补充内膛枝，也可以用皮下腹接（参考图6-15）。皮下腹接也需要保留叶片和套袋。砧木在嫁接时要控制生长，但需保留老叶，待嫁接成活后逐步清除砧木的枝叶。到接穗生长、树冠圆满时再把砧木枝叶全部剪除（图7-15）。

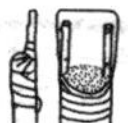

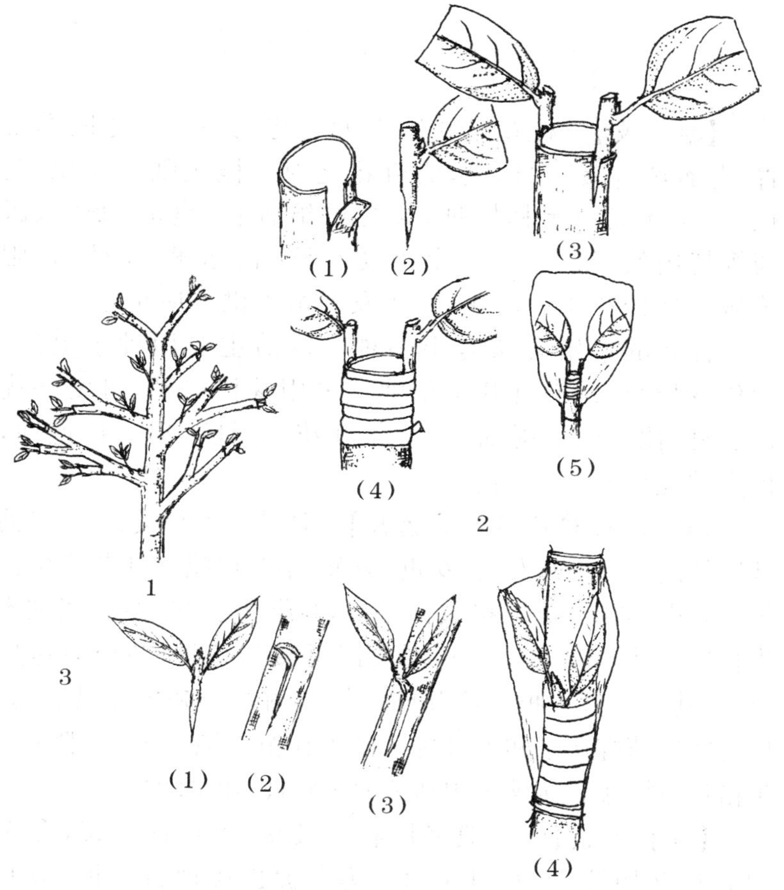

图 7-15　山茶花的高接换种

1. 多头高接示意图　2. 截头贴接　(1)砧木　(2)接穗　(3)接穗插入砧木切口处　(4)用塑料条绑紧　(5)套塑料袋　3. 内膛腹接　(1)接穗　(2)砧木切削　(3)接穗插入砧木切口中　(4)捆绑并用塑料薄膜包扎

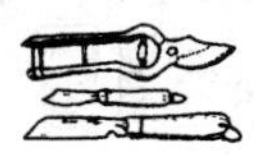

（十六）桂花的嫁接育苗

【意　义】 桂花是我国十大名花之一。桂花四季常青，花香浓郁，清香远溢，为百花之冠。桂花既是绿化、美化、香化环境的园林树种，又是供给香料、食品、制酒、医药等特用的经济树种。全国现有杭州、苏州、桂林、合肥等城市把桂花作为市花，需要发展苗木供不应求。

桂花的繁殖方法有很多种。以前主要用种子繁殖，后代变异很大，而且开花很晚。采用嫁接繁殖，可发展优良品种，比实生苗提前 6～8 年开花，而且可提高抗逆性，扩大桂花的种植范围。

【砧木、接穗的培养和选择】 桂花砧木种类较多，目前常用的砧木有小叶女贞、女贞、流苏、小叶白蜡和桂花实生苗等。其中小叶女贞嫁接成活率高，初期生长快，但后期砧木生长出现小脚现象。嫁接时要降低接口位置，栽植时深埋土，使其产生自生根。流苏砧能提高耐寒力和抗盐碱能力。桂花实生苗嫁接亲和力最好。砧木在苗圃地育苗，一般 1 年生苗进行嫁接。接穗采用新鲜的粗壮枝，随采随接。

【嫁接方法】 一般采用春季枝接，可用插皮接（参考图 6-1）和切接（参考图 6-8）。为了促进接穗自生根，以基部腹接法为好。在砧木离地 3～4 厘米处插入接穗，接穗可不留叶片，也可以保留 1～2 个叶片。但插入砧木切口后要用超薄地膜包上，而后下部把地膜合成一条绳，把接口捆紧。嫁接时砧木摘心控制生长，其他叶片保留，待接穗萌发生长后再剪除接口以上的砧木（图 7-16）。

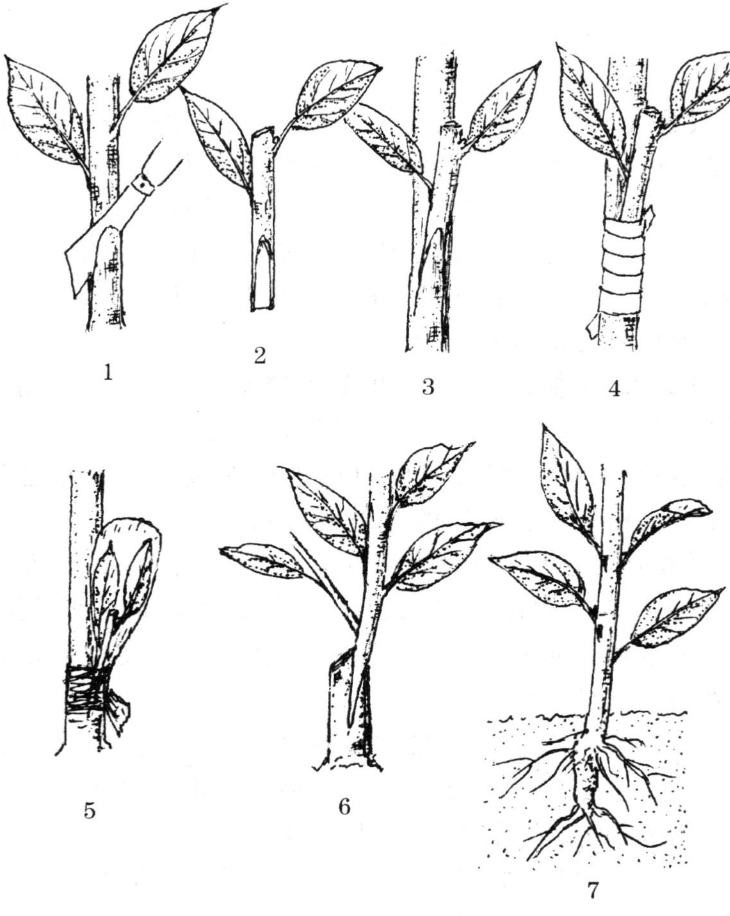

图 7-16　桂花的嫁接育苗

1. 砧木基部切口　2. 接穗切削　3. 接穗插入砧木切口中　4. 用塑料条捆绑　5. 用地膜包住接穗叶片　6. 嫁接成活接穗生长剪去砧木　7. 移栽时深埋，促进桂花自生根

（十七）桂花提早开花的靠接法

【意　义】 上一节讲了桂花的特点，但是桂花开花迟是生产上存在的大问题。实生树要十几年才能开花，用一般嫁接法育苗后，至少也要 5 年后才能开花。因此，提早开花是桂花生产上需要解决的一个重要问题。采用靠接法，接上已开花的成熟枝条，当年能见到香花，这是桂花提早开花最有效的方法。

【砧木、接穗的选择】 将苗圃繁殖的砧木苗，选用生长旺盛的 1～2 年生苗，带土移到花盆中，使树苗在盆中健壮生长，而后搬到接穗树附近进行嫁接。接穗用已经开花的大树上生长旺盛的枝条进行靠接。

【嫁接方法】 一般采用靠接法（参考图 6-13），在嫁接时如果砧木和接穗粗细相同可采用合靠接或舌靠接。如果砧木粗而接穗细，可采用镶嵌靠接。靠接时接穗是否离体有 2 种方法。

一是接穗不离体。把盆栽砧木搬到接穗树体附近，使砧木和接穗靠近进行嫁接。这种方法由于砧木和接穗都不离体，嫁接成活率很高，但是嫁接很费工。嫁接成活后，先把接口以上的砧木剪除，并把接穗下部剪断一半，接后 2 个月再把接穗剪断，离开原株。

二是接穗离体挂瓶嫁接。这种方法也用靠接，接口下部的接穗插在瓶中，瓶中要保持有清水，使带叶的接穗不会萎蔫，1 个月嫁接成活后才能除去瓶子（图 7-17）。

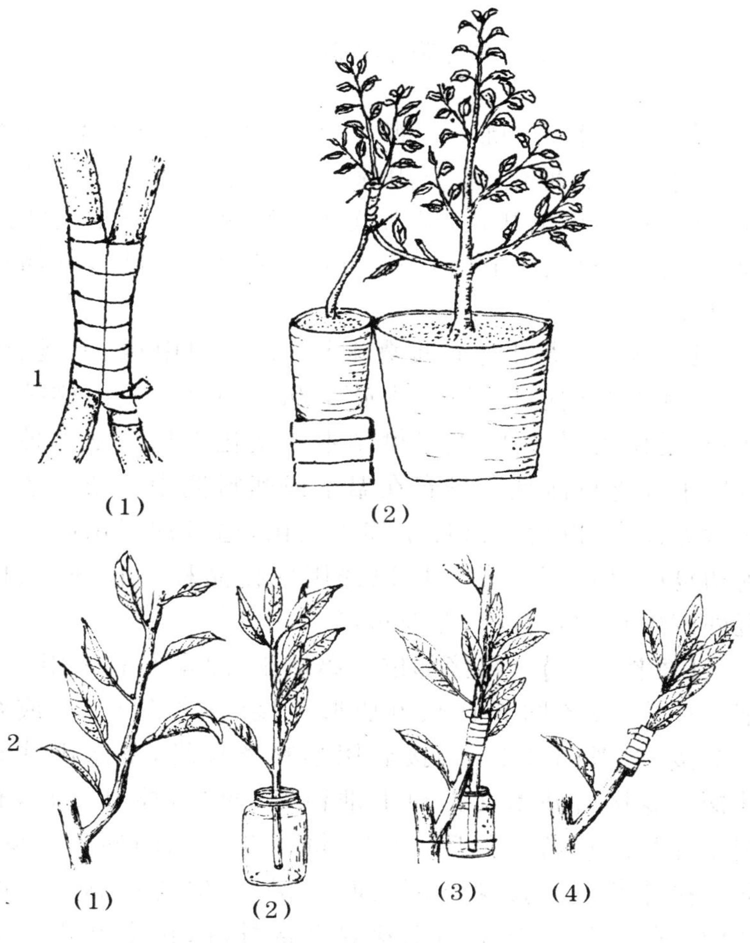

图 7-17　桂花提早开花的靠接法

1. 花盆靠接　(1)砧木与接穗靠接　(2)盆栽砧木移到接穗处靠接

2. 挂瓶靠接　(1)砧木　(2)接穗采集后下部放在瓶中　(3)靠接后瓶子带水固定在砧木树上，接穗能吸收水分　(4)成活后剪截

（十八）桃、梅、杏、李的快速嫁接育苗

【意　义】 碧桃、梅、杏、李是重要的观花树木，基本上都实现了品种化，需要用嫁接法来保持和发展优良品种。同时，能提早开花，提高抗性。快速嫁接育苗就能达到当年砧木育苗，当年嫁接，当年成苗可以出圃，可加速优良品种的发展。

【砧木、接穗的培养和要求】 砧木用山桃、毛桃、山杏、梅和毛樱桃的种子苗，本砧亲和力强，山杏、山桃抗旱性强，毛桃耐湿性强，毛樱桃砧木有矮化作用。砧木种子秋后采收进行沙藏。早春在温室或塑料棚中育苗。播种在营养钵中，以后小苗带土移入大田，通过加强田间管理到初夏即可进行芽接。接穗选用优良品种生长旺盛、树冠外围生长的发育枝，芽要饱满。

【嫁接方法】 嫁接部位在离地15厘米左右采用“T”字形芽接（参考图6-19）、方块形芽接（参考图6-22）或补片芽接（参考图6-27）。接后用塑料条捆绑，要露出芽和叶柄。嫁接后砧木在接口上部留20厘米，控制生长，有利于芽片的愈合。接后20天，将接芽上部的砧木剪除，促进接芽萌发。接芽下部的叶片保留，但要控制砧木叶腋中芽的萌发。对于砧木芽要全部抹除，留老叶进行光合作用，有利于苗木加粗生长。接穗生长到秋后可形成壮苗出圃（图7-18）。

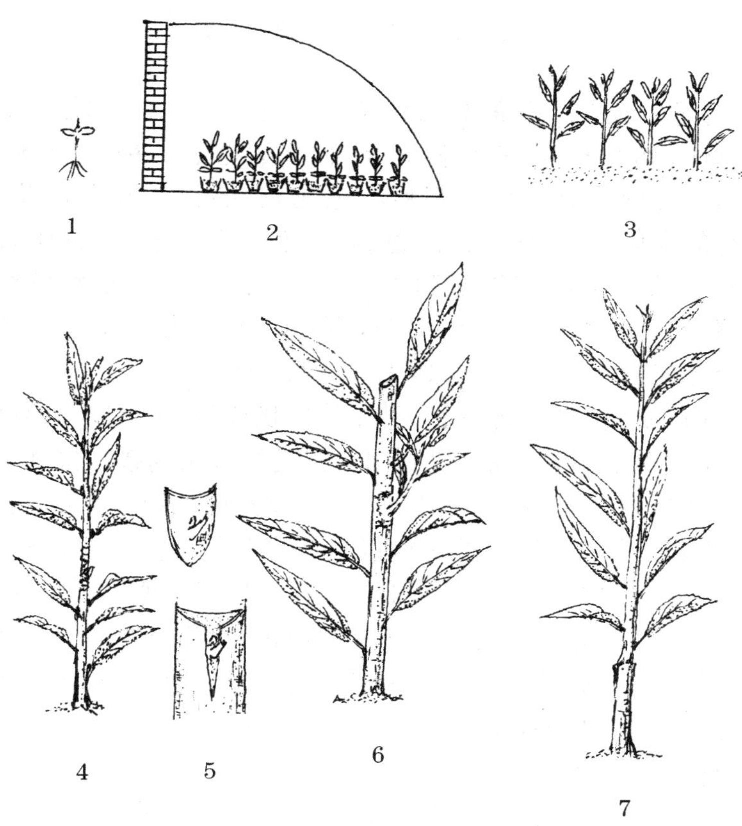

图 7-18　桃、梅、杏、李的快速嫁接育苗

1. 播种幼苗　2. 在温室中育苗　3. 早春定植田间　4. 在中下部位进行芽接　5. 采用"T"字形芽接　6. 嫁接成活后即萌发　7. 剪砧后幼苗生长，达到当年育砧木苗，当年嫁接，当年成苗出圃

（十九）嵌合体二乔碧桃的嫁接特点

【意　义】 花灌木在自然界发生芽变，有时能产生嵌合体，如碧桃中很著名的品种二乔就是一种嵌合体。在同一棵树上有的枝条开粉红色花，有的枝条开白色花；也有的在同一枝条上有白色、红粉色、浅粉色的花；还有在同一朵花上的花瓣有粉红色和白色，或一个花瓣呈红白镶嵌，使二乔碧桃花色多变，更加诱人。为了保持这类嵌合体的品种特性，在嫁接上有特殊的要求。

【砧木、接穗的选择】 砧木用山桃或毛桃，可以培养砧木苗进行育苗嫁接，也可以利用大树进行多头高接。接穗选择非常重要，如果从二乔碧桃中用开粉红色花的枝条作接穗，结果就形成粉红色的碧桃；如果采用开白色花的枝条作接穗，就形成白色碧桃，这就不是二乔碧桃了。所以，枝接时必须采同一接穗上有粉红色花又有白色花，芽接要用同一朵花上花瓣呈混杂色的芽。为了采穗时不发生错误，要在开花时对接穗挂上标签，以便于在嫁接时采用。

【嫁接方法】

一是苗木嫁接。一种是快速育苗（参考图 7-18），另一种是培养 2 年根 1 年苗，即在秋季嫁接，一般可用“T”字形芽接法（参考图 6-19）。翌年春剪去接芽上部的砧木，接穗在苗圃再生长 1 年形成壮苗出圃。

二是多头高接。春季对品种差的砧木进行多头高接，可用插皮接（参考图 6-1）。接后翌年可以大量开花（图 7-19）。

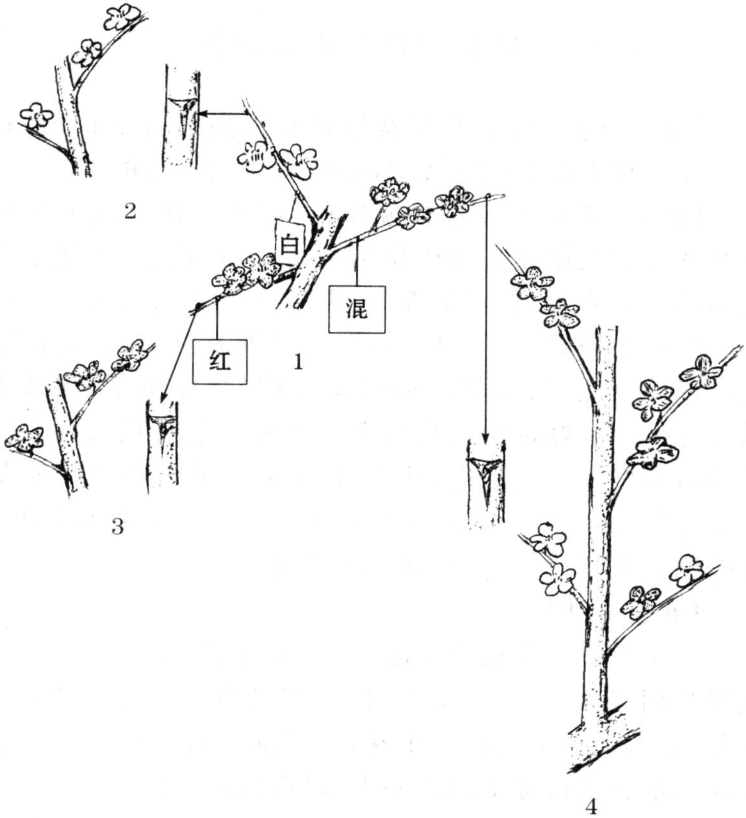

图 7-19　嵌合体二乔碧桃的嫁接特点

1. 二乔碧桃基本上有 3 种花色,有白色花、红色花和红白镶嵌的混色花　2. 用白色花枝上的芽嫁接,则形成白色碧桃　3. 用红色花枝上的芽嫁接则形成红色碧桃　4. 用混色花枝上的芽嫁接后在后代无性系中可能产生 4 种情况,有红色花枝,白色花枝,红、白花都有的花枝和混色花枝

（二十）梅花老桩盆景的嫁接培养

【意　义】 梅花老桩盆景具有很高的观赏价值，在其制作过程中需采用嫁接法，还可发展优良品种。

【砧木、接穗的培养和选择】 可利用树龄较大生长健壮的梅、杏、桃或毛樱桃作砧木，在早春选留30厘米左右高的主干后，截去以上部分，再将主干斜向劈去1/2或1/3，形成苍劲的老干。以后，在伤口处及基部长出枝条，选留部位合适、长势较旺的枝条，清除其他萌蘖，到秋季进行芽接。最好选用已有的老桩在春季进行枝接。要注意接口最好在老桩附近，使接口不明显，并且使老桩和新生长的枝条形成一个整体。接穗最好选用垂枝形品种，可控制高生长，形成群龙翻腾的景观。

【嫁接方法】

一是芽接。在秋季可用"T"字形芽接（参考图6-19），或晚秋用嵌芽接（参考图6-21）。嫁接在所有萌生新梢的基部，有的新梢可以接2个芽，以增加枝量。到翌年春季芽萌动前剪去接芽上部的砧木，促进接穗生长。

二是枝接。在春季芽萌发前进行，一般可用插皮接（参考图6-1）、劈接（参考图6-6）或合接（参考图6-11）。为了补充枝条，也可用皮下腹接（参考图6-15）或钻孔接（参考图6-16）。接后用塑料袋连盆套上。

除人工整形外，也可在接后第一至第二年内，在发芽前，每盆约施100毫克多效唑溶液，可控制生长，增加发芽，形成很理想的树桩盆景（图7-20）。

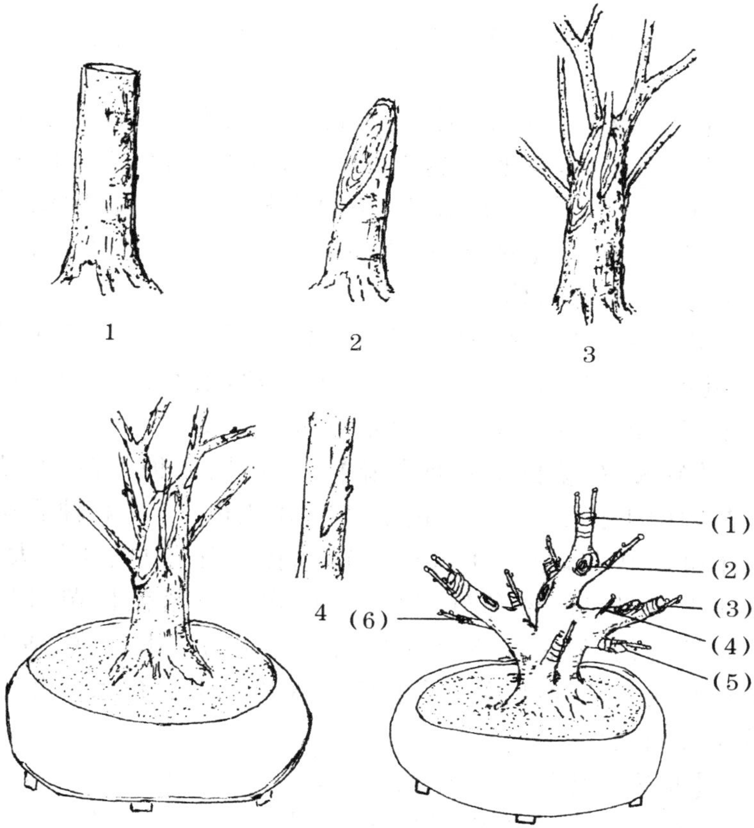

图 7-20　梅花老桩盆景的嫁接培养

1. 选用健壮的砧木截干　2. 劈去部分砧木　3. 生长萌生新枝　4. 进行嵌芽接　5. 分枝基部进行多头芽接　6. 选用老桩砧木　(1)砧木接口较大采用插皮接　(2)砧木节疤　(3)砧木切口中等粗用切接法　(4)用钻孔接补充枝条　(5)劈接　(6)小枝用合接法

(二十一)用实生苗与嫁接相结合的方法发展紫薇

【意　义】 紫薇,别名百日红、痒痒树,花色丰富艳丽,具大的花序,花期长达100天,故称"百日红"。在夏、秋少花季节,独有紫薇盛开,花团满枝尤显可贵,紫薇树皮光滑,若有微微触动,树叶颤动不已,故又有"痒痒树"之称,是重要的园林美化树种。

紫薇主要用于播种繁殖,后代颜色分离多变,开花早晚、花量大小及植株高矮都有很大差别,繁殖优种紫薇可采用实生苗与嫁接相结合的方法加以发展。

【砧木、接穗的培养和选择】 紫薇用播种育苗,幼苗在苗圃中生长2～3年。由于紫薇开花很早,一般种后第二年可以开花,第三年可以进行选择。开花早、花量大、花序大、花形好、颜色好、深受市场欢迎的紧俏树苗可以出圃销售;其他表现差,3年生尚未开花的苗木,可作砧木进行嫁接。从优种树上采生长旺盛和充实的枝条翌年春季作接穗用。

【嫁接方法】 3年生的砧木,适合于春季枝接。接穗先蜡封,嫁接方法可用切接法(参考图6-8)或劈接法(参考图6-6)。嫁接成活后当年在苗圃进行整形,主要是只能留1个芽向上生长,形成1个直立的主干。不要形成多主干的丛生苗,主干上的分枝不能太低,下部分枝抹除,保留1米以上的分枝,使紫薇有比较高的光滑主干和良好的树形。也可以砧木先整形,而后每个分枝上嫁接不同的品种,形成具多色的紫薇树(图7-21)。

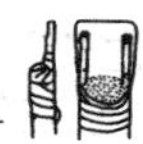

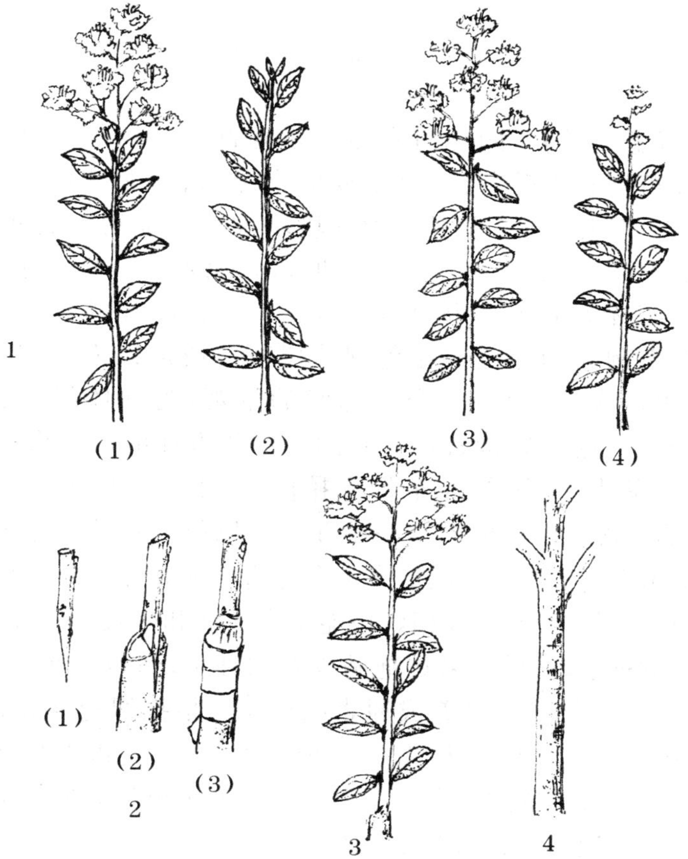

图 7-21　用实生苗与嫁接相结合的方法发展紫薇

1. 苗圃种植紫薇苗　(1)花序大，颜色美，直接出圃　(2)不开花，要改接　(3)花序大颜色美，直接出圃　(4)花序小，颜色差，要改接　2. 苗圃改接　(1)优种蜡封接穗　(2)切接法　(3)接后包扎　3. 嫁接苗开花，花序大，颜色美　4. 培养光滑主干和良好树形

(二十二)用丝棉木嫁接成高干型的冬青卫矛球

【意　义】 园林树木需要多姿百态,冬青卫矛(又名大叶黄栃和大叶黄杨)是重要的常绿树种,尤其在北方冬季缺乏绿叶树,冬青卫矛为环境增加绿色显得尤为重要。冬青卫矛生长后可剪成圆球形,但是没有树干。可以把冬青卫矛嫁接在丝棉木上,形成一个在高高的树干上面生长着硕大的绿色或花色圆球树冠。或加以人工修剪造型,可形成千姿百态、令人惊叹的景观,为立体绿化创造了条件。这类嫁接必将受到园林绿化方面的广泛重视。

【砧木、接穗的培养和选择】 砧木用丝棉木(又叫白杜、明开夜合),丝棉木是一种乔木,树冠较小,是落叶树种。丝棉木在树冠和枝叶的形态上和冬青卫矛相差很大,但两者同属卫矛科卫矛属,互相嫁接能正常成活和生长。丝棉木有大量的种子,秋后可采集饱满成熟的种子,到春季在苗圃播种,而后在苗圃内培养成通直的树干。根据绿化嫁接的需要,树干高度要在 1 米以上,需要培养 2～4 年再进行高接。接穗从生长旺盛的冬青卫矛上采集。采用粗壮的带叶接穗,也可采金边或金心的大叶黄杨,随采随接。

【嫁接方法】 嫁接时间宜在春季丝棉木芽开始萌发时进行,嫁接方法可用插皮接(参考图 6-1)。接穗带 2～3 片叶,每个接口可插 2～3 个接穗。嫁接后用塑料条捆紧后再套塑料袋,将接口和接穗都套起来,以保持湿度。待嫁接成活,接穗萌发生长后再除去塑料袋。成活后要特别注意清除萌蘖,促进接穗生长(图 7-22)。

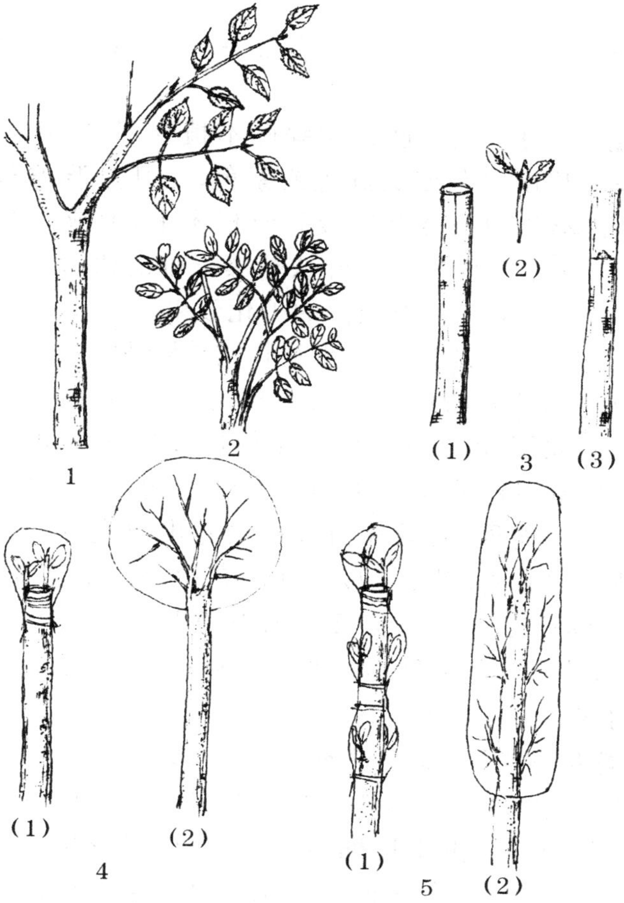

图 7-22　用丝棉木嫁接成高干型冬青卫矛球

1. 丝棉木为较高大的乔木，作砧木　2. 灌木型的冬青卫矛为接穗

3. 丝棉木高接冬青卫矛　(1)顶端插皮接　(2)接穗　(3)皮下腹接

4. 顶端高接　(1)接后套塑料袋　(2)成活后生长成冬青卫矛球

5. 顶接和腹接　(1)接后套塑料袋　(2)成活后形成圆锥形树冠

（二十三）用丝棉木嫁接成高干型的彩色扶芳藤

【意　义】　扶芳藤是常绿藤本植物，其中有些种类到秋季叶片由绿色变成红色或紫色，尤其过渡色彩更为鲜艳。把彩色的扶芳藤嫁接到丝棉木上，形成一个具有较高的树干上面生长着彩叶扶芳藤下垂的树冠。由于叶色艳丽，保持期长，具有极高的美化效果。

【砧木、接穗的培养和选择】　砧木用丝棉木。丝棉木在树冠和枝叶的形态与扶芳藤完全不同，但在亲缘关系上确同属卫矛科卫矛属。互相嫁接能成活和正常生长。丝棉木用种子繁殖，可在秋后采集树上成熟的蒴果，取出种子后播种，而后在苗圃中培养出通直的树干。据嫁接苗木的需要，树干高度要在 1.5～2 米，需要培养 3～4 年后再进行高接。接穗要选择秋季呈红色或紫色叶的扶芳藤，其彩叶色艳且彩叶期长的种类，到春季采集粗壮较硬的茎端为接穗进行嫁接。

【嫁接方法】　嫁接时期可在春季丝棉木芽开始萌发时进行，嫁接方法可用插皮接（参考图 6-1）和皮下腹接（参考图 6-15）。由于接穗茎比较软，所以嫁接要在砧木容易离皮时进行，在接穗插入砧木之前也可以用竹签先插入砧木树皮中，而后再插接穗。接穗带 1～2 片叶，一个接口可插 2～3 个接穗。接后用塑料条捆紧后再套塑料袋保持湿度。嫁接成活后再除去塑料袋，要特别注意清除砧木萌生的萌蘖（图 7-23）。

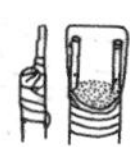

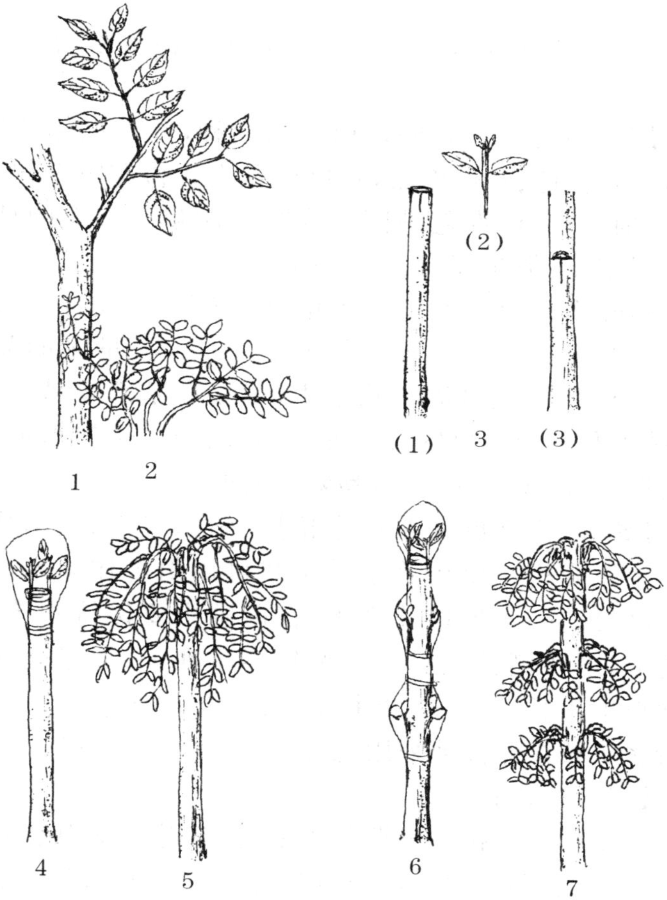

图 7-23 用丝棉木嫁接成高干型彩色扶芳藤

1. 以生长高大的丝棉木为砧木 2. 用爬蔓的秋季彩叶扶芳藤为接穗 3. 采用高接法 (1)插皮接 (2)接穗 (3)腹接 4. 接后套塑料袋 5. 嫁接成活后生长情况 6. 腹接后用薄膜包扎 7. 嫁接成活后生长情况

（二十四）乔木型榆叶梅的嫁接与培养

【意　义】 榆叶梅是梅花的变种，叶形似榆树叶而得名。其花色、花形美丽，花比梅花大。盛花时全树花团锦簇，灿烂夺目，春色满园。榆叶梅能耐－35℃的低温，在我国东北、华北、西北广为分布。

榆叶梅用种子繁殖多为单瓣，花小，色浅且花量少。通过嫁接可以发展重瓣、花色鲜艳、花大、量多的品种。榆叶梅树形一般呈灌木状丛生，嫁接后基部容易长出萌蘖，砧木和接穗难以区分。通过高接换种，可以形成小乔木树形，提高观赏性，又容易除去萌蘖。

【砧木、接穗的培养和选择】 砧木有山杏、山桃、梅及实生榆叶梅。要培养小乔木状可用山杏作砧木，抗性强。高接前砧木要培养主干，在苗圃中要保持幼苗的顶端优势，不让侧枝生长。到翌年春季在 80 厘米处定干，使剪口下生长出 3～4 个主枝，到秋季可进行芽接或翌年进行多头枝接。接穗采用优种榆叶梅的粗壮枝条。

【嫁接方法】

一是秋季芽接。早期芽接采用“T”字形嫁接法（参考图 6-19），后期芽接用嵌芽接（参考图 6-21）。接在砧木新梢的基部，接后用塑料条封闭捆绑，过冬后剪除芽接前端的砧木，促进接芽萌发。

二是春季枝接。当砧木即将萌发时嫁接，采用蜡封接穗，在几个主枝基部截头嫁接，可采用插皮接（参考图 6-1）。成活后与秋季多头芽接一样，形成小乔木型的榆叶梅（图 7-24）。

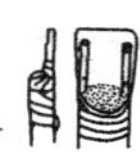

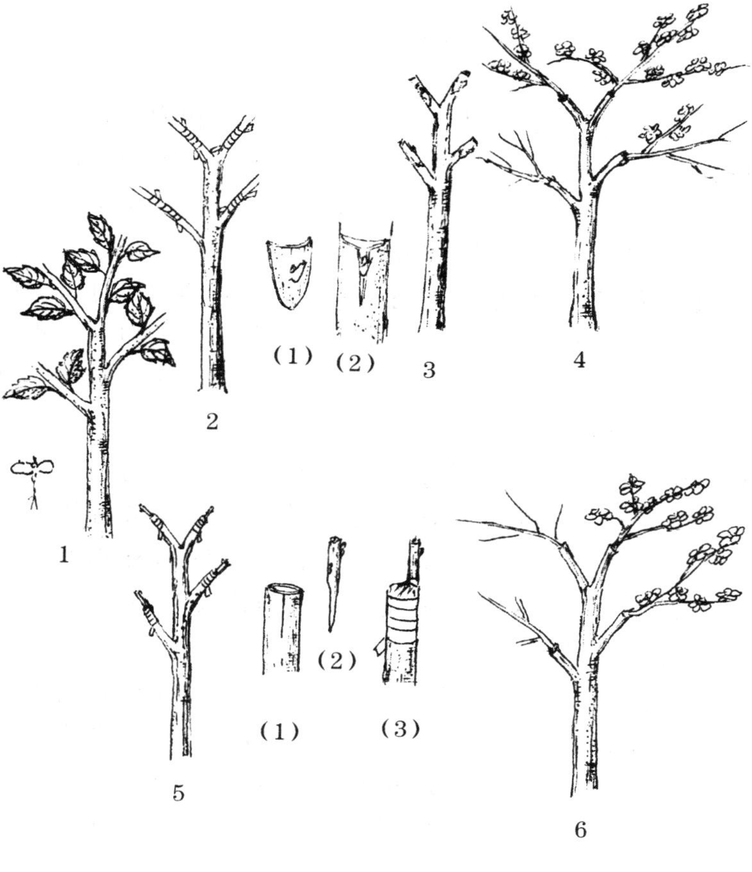

图 7-24　乔木型榆叶梅的嫁接培养

1. 用山杏作砧木培养有主干的小乔木　2. 在分枝上进行多头芽接　(1)接穗　(2)用“T”字形芽接法　3. 第二年春剪砧　4. 生长成乔木型优种榆叶梅　5. 进行多头枝接　(1)砧木　(2)接穗　(3)接后用塑料条包扎　6. 嫁接成活后生长成乔木型优种榆叶梅

（二十五）樱花的嫁接繁殖

【意　义】 樱花是重要的园林观花树种，早春开花时，大而艳丽的花朵布满全树，甚至压弯了枝头，其姿态优美，绚丽夺目。随后枝叶繁茂，绿荫如盖，树皮光亮具横纹。适合路边及庭院绿化美化。

【砧木、接穗的培养和选择】 嫁接樱花不宜用山桃、山杏作砧木，因为亲和力差，特别是后期不亲和。一般用山樱桃、山樱花或甜樱桃品种的种子实生苗作砧木。优良品种的樱花一般没有种子。笔者从 20 世纪 80 年代引进并用组织培养发展了考特（colt）砧木，除适宜作甜樱桃砧木外，经试验也适宜作樱花砧木，繁殖方法可用压条法、组织快繁等无性繁殖。接穗采用优良品种粗壮的枝条。对于劣种大树可以作大砧木进行高接换种。

【嫁接方法】

一是秋季芽接。用种子繁殖的砧木，到秋季株高可达 70 厘米以上，适宜进行芽接。嫁接方法可用“T”字形芽接法（参考图 6-19），也可用嵌芽接（参考图 6-21）。接后不剪砧，到翌年春季剪去接芽以上的砧木，促进接芽萌发。生长 1 年形成壮苗。

二是夏季嫁接。压条生根的砧木苗，到第二年移入苗圃，到夏季接穗已开始木质化，可进行“T”字形芽接（参考图 6-19）或方块形芽接（参考图 6-22），接在砧木中部，顶端摘心。待成活后再剪去接芽以上的砧木，下部砧木保留老叶，抹去萌芽，促进接芽生长，到秋后能形成壮苗（图 7-25）。

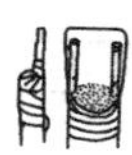

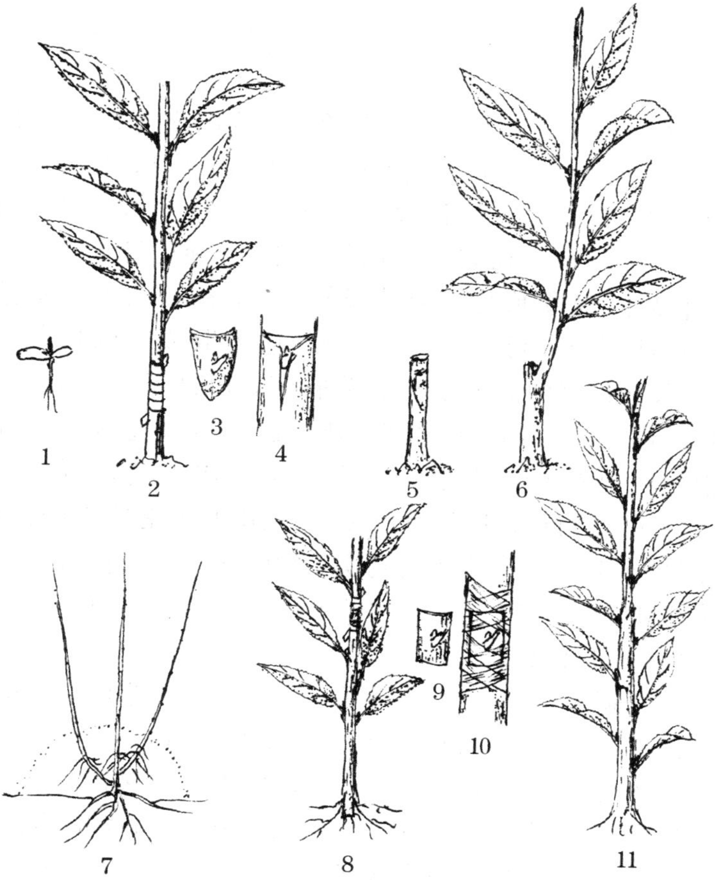

图 7-25　樱花的嫁接繁殖

1. 用山樱桃种子播种　2. 到秋季芽接　3. 接穗　4. 用“T”字形芽接法　5. 翌年春剪砧　6. 生长 1 年成苗　7. 用考特砧木压条繁殖　8. 种植压条生根苗，而后在中下部嫁接　9. 接穗　10. 用方块形芽接露芽捆绑　11. 嫁接成活后生长情况

(二十六)多色叶子花树的嫁接与培养

【意 义】 叶子花又名三角梅,我国南方广泛栽培。叶子花苞片大而美丽,有白色、红色、橙色、紫色等,四季都能开花,以冬、春为主,观赏期极长。叶子花繁殖以扦插为主,要培养一树多色的高档花木,必须用嫁接繁殖。

【砧木、接穗的培养和选择】 叶子花的砧木用本砧,采用扦插繁殖。可在 5～6 月份花后剪取成熟的枝条,长 20 厘米,插入沙床或间歇喷雾插床,在 21℃～27℃下,1 个月后即生根。用 100 毫克/升萘乙酸溶液速蘸后扦插,生根率明显提高。生根砧木需要培养成大苗,一般生长 3～4 年后,进行多头高接。接穗选用几种花色不同的优良品种,要选用生长粗壮、充实、芽饱满的枝条作接穗,每个接穗都除去老叶片,留 2～3 个正在萌发或即将萌发的芽。

【嫁接方法】

一是截头嫁接。在春季芽萌发生长时进行,选用较大的砧木进行多头高接。每一个主枝上接 1 个品种,嫁接在砧木分枝的下部,接口下砧木的叶片要保留,但要抹去萌发的芽,嫁接方法可用劈接(参考图 6-6)或单芽切接(参考图 6-18)。接后用牛皮纸袋套上,下部捆住,起到保湿防雨、防日灼的作用。成活后除去纸袋。

二是基部采用腹接法可增加枝量(参考图 6-14)。

在高接换种时也可以保留一些砧木的枝条,增加原砧木的花色。在修剪管理时要保持每个品种生长平衡,生长弱的品种要多留枝,生长强的品种少留枝(图 7-26)。

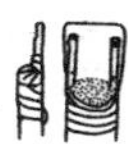

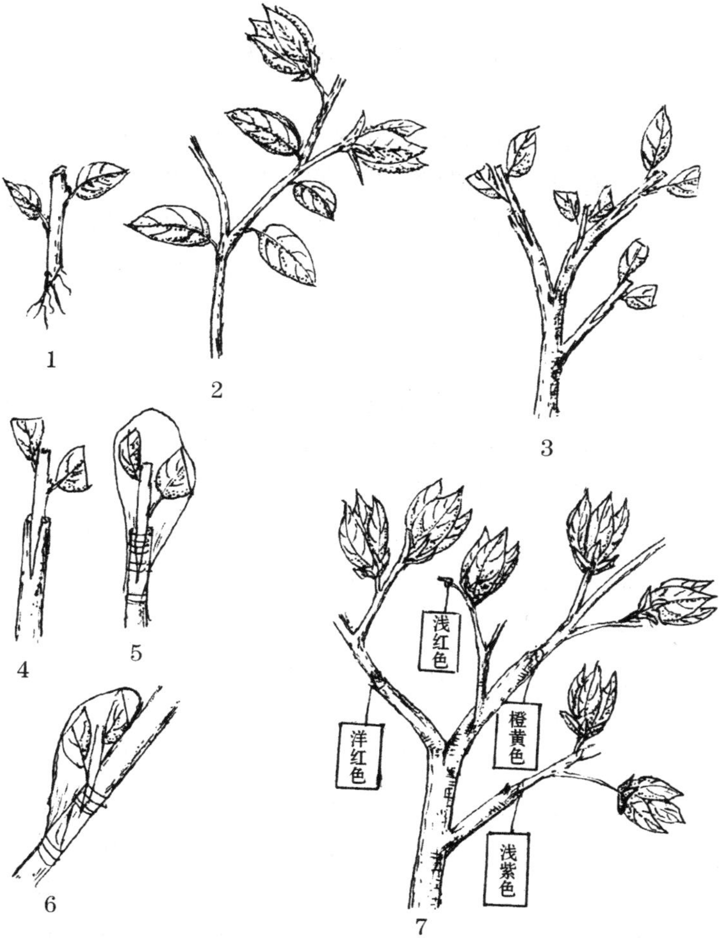

图 7-26　多色叶子花树的嫁接培养

1. 叶子花砧木用扦插生根　2. 砧木用较大的叶子花　3. 进行多头嫁接，每个头用不同花色的品种作接穗　4. 用嫩枝劈接　5. 接后套塑料袋　6. 腹接法补充枝条　7. 形成一株多色的叶子花

(二十七)蜡梅的嫁接繁殖

【意　义】 蜡梅适应性强,在我国广为分布。蜡梅枝有姿,树有韵,开花时傲寒凌霜,清香四溢,是应该大力发展的绿化、美化、香化树种。蜡梅可用种子繁殖,但后代产生分离。分株繁殖发展慢。主要应用嫁接繁殖,重点要繁殖那些抗寒性强,花型大、花色美及清香或浓郁的优良品种。

【砧木、接穗的培养和选择】 砧木可采结籽多的狗牙梅种子,在苗圃中育苗,而后嫁接。也可用压条分株法繁殖砧木。狗牙梅为灌木,基部分枝很多,可进行埋土即能生根,而后可以分株移栽,再嫁接。接穗要选优良品种上部的粗壮枝,取枝条中段、芽饱满的部位。

【嫁接方法】

一是春季嫁接。在砧木芽萌发前嫁接,嫁接方法可根据砧木接口大小而定。砧木接口较粗,可采用插皮接(参考图 6-1);如果砧木略粗于接穗可用切接法(参考图 6-8);砧木与接穗同样粗可用劈接法(参考图 6-6)。嫁接前接穗要蜡封,接后萌发生长,当年能培养壮苗。

二是嫩枝劈接。在 5～7 月份砧木抽生新梢长到一定粗度时,可在下部留 4～6 片叶,从上截断,从茎中间劈开。接穗取健壮新梢,和砧木粗度相等,削成楔形进行嫩枝劈接。接穗可保留部分叶片,接后套塑料袋,成活后除去塑料袋,当年成苗(图 7-27)。

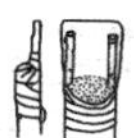

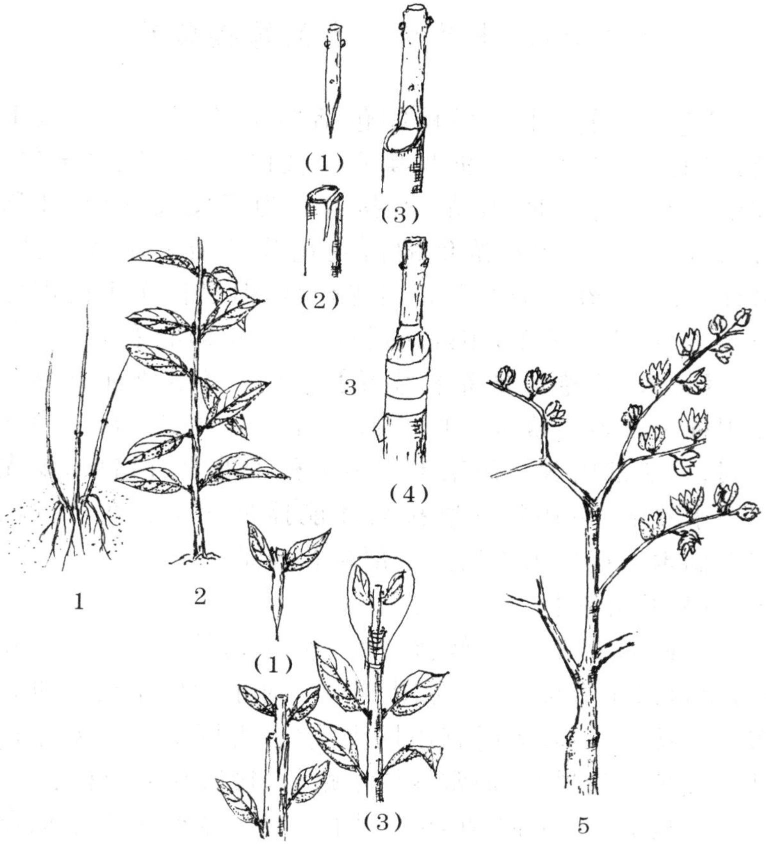

图 7-27　蜡梅的嫁接繁殖

1. 狗牙梅压条生根　2. 生根的砧木苗　3. 用切接法春季枝接（1）蜡封接穗　（2）砧木　（3）切接　（4）塑料条捆绑　4. 用劈接法嫩枝嫁接　（1）接穗　（2）劈接　（3）接后套塑料袋　5. 嫁接成活后提早开花

(二十八)木兰科树木的嫁接繁殖

【意　义】 木兰科植物包括白玉兰、紫玉兰、黄玉兰、广玉兰、二乔玉兰、海螺望春花及白兰、黄兰、含笑等。其繁殖方法有播种、压条、嫁接等。为了发展优种,如稀有的黄玉兰、香味特浓郁的白兰花等必须采用嫁接法。另外,海螺望春花的花蕾是名优药材,但播种实生苗需生长 6～7 年才能采蕾,用嫁接后仅 2～3 年即能采蕾。

【砧木、接穗的培养和选择】 木兰属多数种类都可以用种子较多的紫玉兰作砧木。白兰花、黄兰、含笑为含笑属,一般都用黄兰作砧木。砧木种子外表有蜡层,要先用温水浸泡,再用粗沙磨搓后才能播种发芽。在苗圃内培养砧木。接穗采用树冠上部粗壮枝条。

【嫁接方法】

在砧木芽萌发前嫁接,一般采用切接法(参考图 6-8),也可以用劈接法(参考图 6-6)。对于大砧木要求进行多头高接,接口较大时宜用插皮接(参考图 6-1)。对于落叶树接穗要先蜡封,而常绿树不蜡封,接后套上塑料袋。

嫩枝劈接。砧木在冬季进行平茬,春季留 1 个萌蘖生长,到 6 月份左右进行嫩枝劈接(参考图 6-7)。砧木和接穗都保留部分叶片,接后套塑料袋。

秋季芽接。春季播种育苗,到秋季在离地 4～5 厘米处进行芽接,可用“T”字形芽接法(参考图 6-19)或嵌芽接(参考图 6-21)。接后不剪砧,翌年春剪砧,生长 1 年后形成壮苗(图 7-28)。

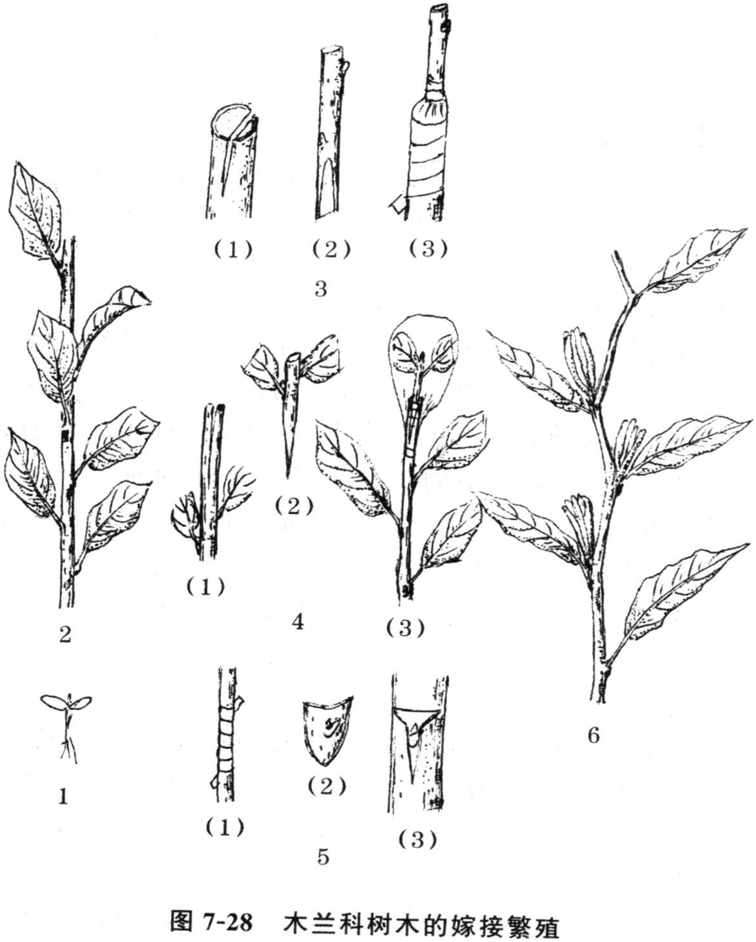

图 7-28　木兰科树木的嫁接繁殖

1. 播种砧木　2. 砧木育苗　3. 春季切接　(1)砧木切口　(2)蜡封接穗切削　(3)塑料条包扎　4. 嫩枝劈接　(1)砧木劈口　(2)接穗切削　(3)接后套袋　5. 秋季芽接　(1)塑料条包扎　(2)接穗　(3)"T"字形芽接　6. 嫁接成活后白兰花生长和开花

（二十九）优种山茱萸的嫁接育苗和高接换种

【意　义】 山茱萸是落叶小乔木，在我国浙江、河南等地广泛栽培。山茱萸的果实有很高的药用价值，有滋补肝肾、补阴助阳、祛痰健胃、补血健身之功效。春季开黄花，秋季结小型红果挂满枝头，晶莹透亮，长期不落，是理想的观果树种。由于长期种子繁殖，果实大小、品质、形态、色泽及产量差异很大。目前已选出果实大的优种如石磙枣、八月红、珍珠红等，应该用嫁接繁殖加以发展。

【砧木、接穗的培养和选择】 砧木都用本砧，目前首先要对产量低、果实小的劣种树进行高接换种。这类砧木最好在春季进行重截和更新修剪，促进砧木生新梢后再嫁接。另外，可采集小果型山茱萸饱满的种子。需沙藏一冬，使种皮软化后播种，在苗圃繁殖砧木苗。接穗选用优良品种上的粗壮发育枝。

【嫁接方法】

一是多头芽接。劣种树更新修剪后生长出旺枝，秋季进行多头芽接，可用“T”字形芽接（参考图 6-19）或嵌芽接（参考图 6-21）。接后不萌发，翌年春季剪去接芽以上的砧木。

二是多头枝接。春季对劣种树进行多头枝接，可用插皮接（参考图 6-1）或劈接法（参考图 6-6）。

三是幼苗芽接。苗圃育苗，到秋季在基部嫁接，可用“T”字形芽接法（参考图 6-19）。翌年春剪砧后生长 1 年形成壮苗（图 7-29）。

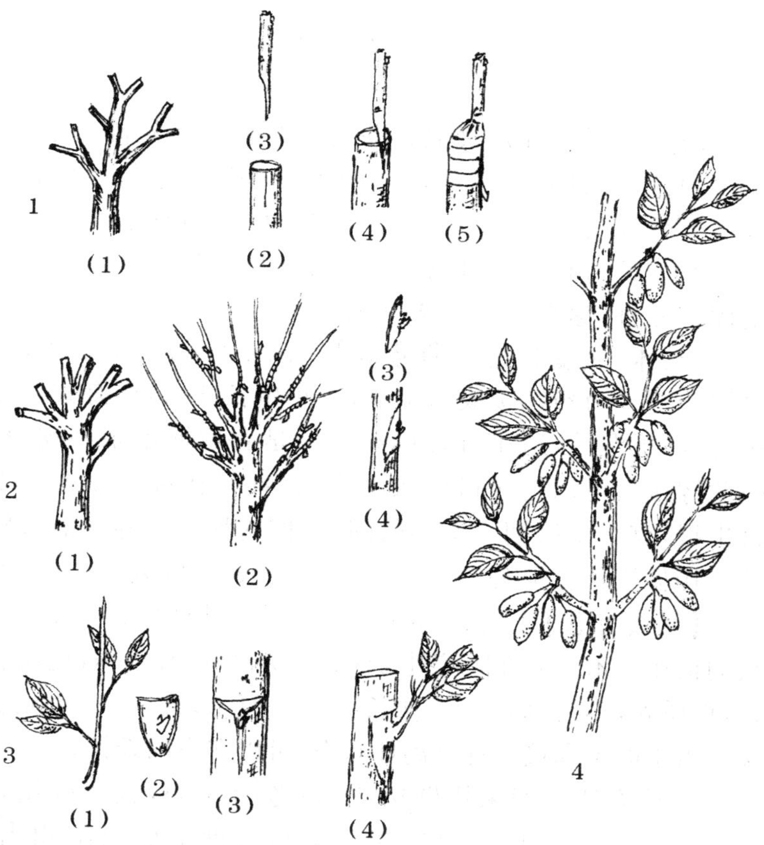

图 7-29 优种山茱萸的嫁接育苗和高接换种

1. 多头高接 (1)砧木多头锯断 (2)砧木切口 (3)蜡封接穗切削 (4)插皮接 (5)接后绑缚 2. 多头芽接 (1)砧木发芽前重截 (2)生长出新梢秋季芽接 (3)接穗 (4)嵌芽接 3. 幼苗芽接 (1)砧木苗 (2)接穗 (3)"T"字形芽接 (4)接穗发芽 4. 优种山茱萸生长与结果

（三十）牡丹的借根嫁接繁殖

【意　义】 牡丹又名富贵花，是我国十大名花之一。牡丹的色、香、形、美俱佳，有“国色天香”之美称。可用于园林美化环境。牡丹也可入药，有镇痛、解热、通经活血的功效。牡丹种子还能榨取高档的牡丹油。已培育出大量优良品种，繁殖方法主要用嫁接法。

【砧木、接穗的培养和选择】 砧木可用实生牡丹，也可用芍药。芍药嫁接成活率高，当年生长旺盛，还有矮化作用，提高抗湿性，适于牡丹南移。但是有后期不亲和现象，因此嫁接后可以把接口埋入土中，让牡丹在接口以上产生自生根，克服了后期不亲和的问题，把这种方法称为借根嫁接。接穗用优良品种1年生充实的枝条，节间要短。

【嫁接方法】 从2～3年生的芍药上挖取1.5～2厘米长的根作砧木。放在阴凉处2～3天变软后待用。若挖出就接，根质脆，不易嫁接。接穗长5～10厘米，带1～2个充实芽。由于砧木和接穗都是离体状态，可以在室内嫁接。

嫁接方法一般采用劈接法（参考图6-6），也可以用合接法（参考图6-11）。嫁接时砧木与接穗最好粗细相当，使接口左右两面的形成层都能对齐。接后用麻皮捆绑，而后埋入土中。土壤要疏松和湿润，有利于嫁接成活和生长。当牡丹生长后，还要在基部适当埋土，促进接口以上牡丹生根。一般嫁接当年主要是芍药根起作用，第二年芍药根和自生根都有作用，2～3年后主要是自生根吸收水分和营养（图7-30）。

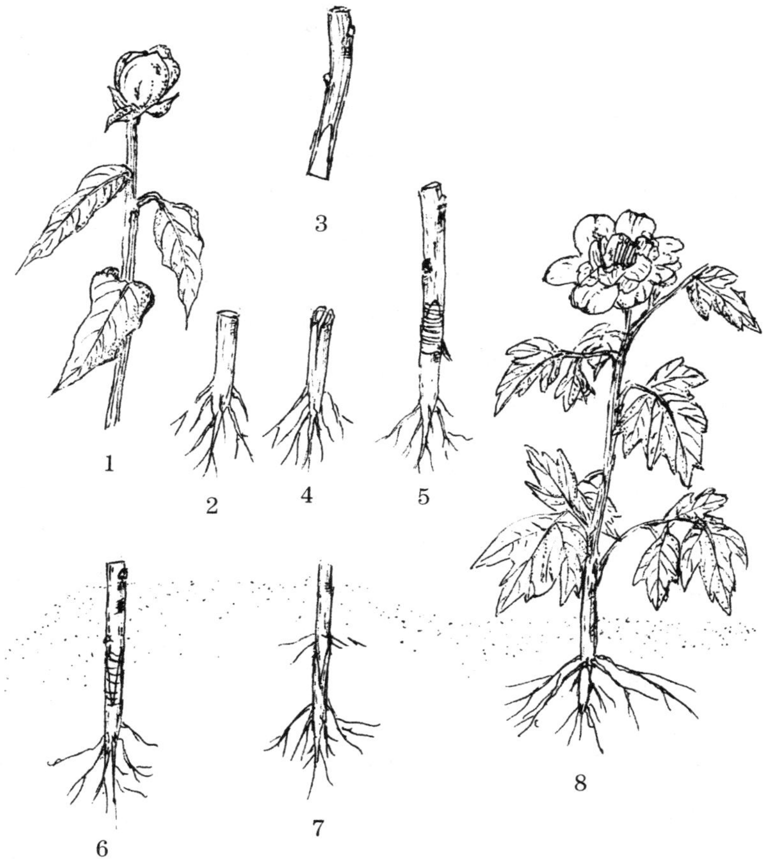

图 7-30　牡丹借根嫁接繁殖

1. 芍药花　2. 芍药的根　3. 牡丹接穗　4. 芍药根作砧木劈口　5. 用劈接法接后捆绑　6. 春季种植土中　7. 嫁接成活，牡丹生长后开始自生根　8. 生长 1～2 年后，牡丹以自生根为主

（三十一）丁香的优种嫁接

【意　义】　丁香适应性强，分布广，是园林绿化、美化和香化的重要树种。丁香的繁殖以播种为主。要确保优种的性状，嫁接是重要的手段。

【砧木、接穗的培养和选择】　可用种子量大的欧洲丁香作砧木，接后生长势和实生树相似。以女贞、水蜡树和流苏为砧木嫁接苗前期生长良好，但有后期生长不亲和现象，可做借根嫁接。即接后深埋入土中，而后产生自生根。接穗采自优良品种上部粗壮的枝条。

【嫁接方法】

一是春季枝接。在砧木即将萌芽时嫁接，接穗先蜡封，嫁接方法由砧木接口大小而定。如果砧木接口较大，可用插皮接（参考图 6-1）；砧木接口稍大于接穗，可用切接（参考图 6-8）；砧木和接穗粗度相等，可用劈接（参考图 6-6）或合接（参考图 6-11）。丁香砧木萌蘖特别多，一定要及时清除。

二是秋季芽接。1 年生砧木，平茬后，只留 1 根枝条，到秋季进行芽接，嫁接高度 1 米左右，一般可采用“T”字形芽接（参考图 6-19）。接后不剪砧，不萌发，到翌年春将接芽以上砧木剪除，促进接穗生长。

用女贞等砧木嫁接时在砧木根颈部位进行芽接，嫁接方法和高位芽接一样。翌年春天接芽萌发后，在新梢周围埋一个土堆，可促进接穗自生根，砧木起借根生长作用（图 7-31）。

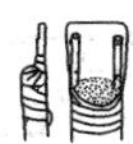

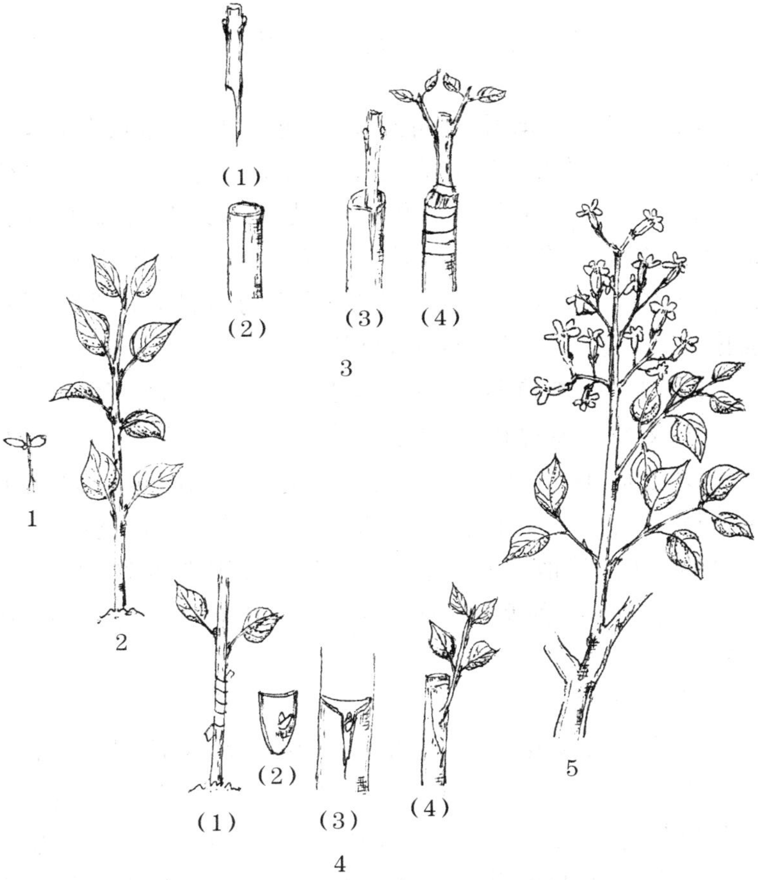

图 7-31　丁香的优种嫁接

1. 砧木播种发芽　2. 砧木育苗　3. 春季插皮接　(1)接穗　(2)砧木　(3)插皮接　(4)塑料条捆绑及嫁接成活后接穗发芽　4. 秋季芽接　(1)在砧木基部嫁接　(2)接穗　(3)用“T”字形芽接法　(4)翌年剪砧发芽　5. 优种丁香生长和开花

（三十二）丰花紫藤的嫁接繁殖

【意　义】 紫藤又叫藤萝。花呈大型穗状花序，淡蓝紫色，香味浓郁，枝叶茂密，庇荫效果强，是优良的棚架、门廊材料，制成盆景可供室内装饰。其花可提取芳香油，种子含金雀花碱，可入药。丰花紫藤是近年来从国外引进的优良品种，有二次和多次开花的习性，花期比原有紫藤长1倍左右，有甜香味，可用嫁接法加速发展。

【砧木、接穗的培养和选择】 砧木可用已有紫藤进行改接或者苗圃育苗。大砧木先进行回缩修剪。在早春芽萌发之前，保留2米左右的茎蔓进行短截，也可以在上部分枝上短截。紫藤很容易生长出不少新梢，选择几根理想的新梢，其他及早抹除。育苗可采用普通紫藤种子，用60℃温水浸种后播种。接穗采用丰花紫藤上粗壮新枝。

【嫁接方法】

一是多头芽接。紫藤大砧木春季短截后，长出几根或十几根延长生长的新梢，到秋季在新梢基部进行芽接。因为紫藤树皮较薄而芽大，嫁接方法可用嵌芽接（参考图6-21）。嫁接时期适当晚一些，接后不萌发，到翌年春在接芽前剪砧即生长成新的丰花紫藤。

二是苗圃嫁接。春季育苗后，到秋季后期，采用嵌芽接（参考图6-21）。接后不萌发，到翌年春剪砧，生长1年后可培养成壮苗（图7-32）。

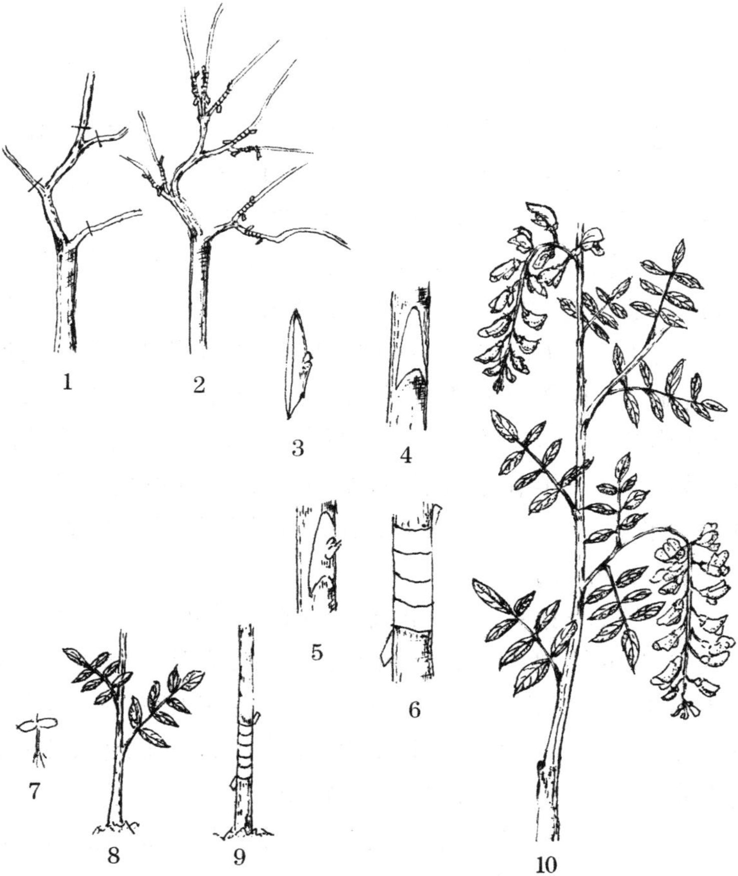

图 7-32　丰花紫藤的嫁接繁殖

1. 紫藤大砧木更新修剪　2. 生长出新梢，在新梢基部嫁接　3. 丰花紫藤接穗　4. 砧木切口　5. 用嵌芽接　6. 用塑料条捆绑　7. 砧木种子播种　8. 苗圃育苗　9. 秋季用嵌芽接　10. 春季剪砧后萌发生长成丰花紫藤

（三十三）海棠的嫁接繁殖

【意　义】 海棠原产于我国，在国外被称为“中国海棠花”，于18世纪传入欧洲和北美，经过园艺工作者的努力，现已有100多个观赏海棠品种。海棠花有“花中神仙”的美誉，花色有红色、粉色，丰盈娇美。到秋季，红色、黄色的果子挂满枝头，是观花、观果于一体的优良树种。海棠繁殖以嫁接为主，近几年从美国引进一批优良品种，也可以进行高接换种。

【砧木、接穗的培养和选择】 砧木常用山荆子（山定子）和野生海棠，南方常用湖北海棠。秋季果实成熟后采种、沙藏，第二年春季在苗圃播种育苗。也可将现有的劣种海棠作砧木改接。接穗选用优良品种的外围发育枝。

【嫁接方法】

一是秋季芽接。春季播种育苗，到秋季一般8月中下旬砧木生长到筷子粗即可嫁接，嫁接方法一般采用“T”字形芽接（参考图6-19）。到9月份可采用嵌芽接（参考图6-21）。接后不萌发，到翌年将接芽以上砧木剪除，接穗芽萌发后生长1年即成优质壮苗。

二是春季枝接。春季枝接可用1年生的苗作砧木，也可以用多年生的砧木进行多头高接。接穗要事先蜡封。嫁接方法可根据砧木接口大小而定，接口较大的可用插皮接（参考图6-1）；接口比接穗稍大的可用切接法（参考图6-8）；砧木和接穗同等粗的可用劈接（参考图6-6）和合接（参考图6-11）。用多头高接，当年能恢复树冠，第二年开花结果（图7-33）。

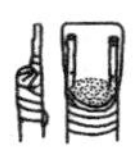

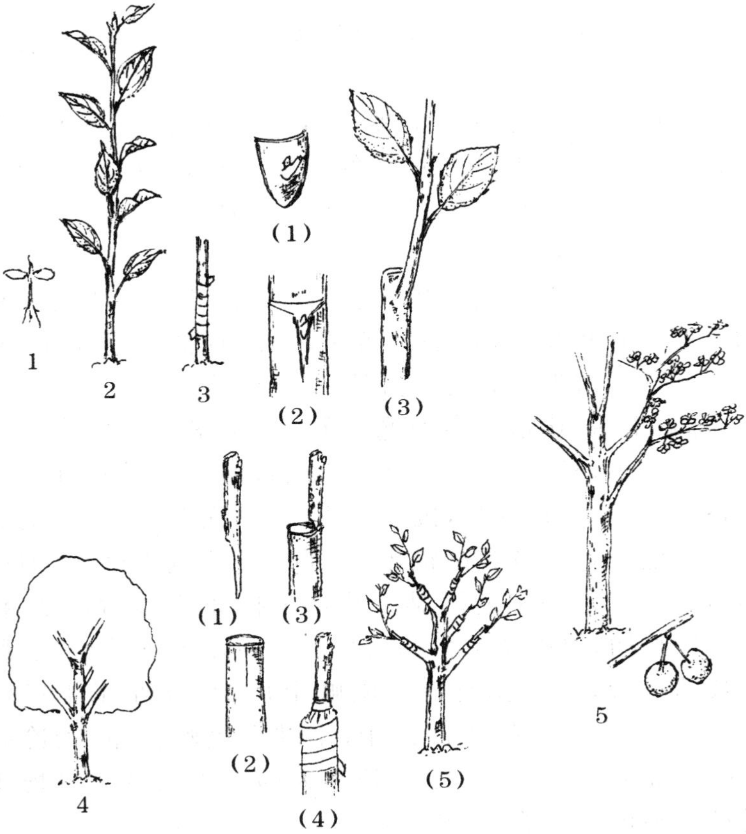

图 7-33　海棠的嫁接繁殖

1. 用山荆子、野生海棠播种　2. 培育砧木苗　3. 秋季芽接　(1)接穗　(2)"T"字形芽接　(3)翌年剪砧萌发　4. 野生砧木多头高接　(1)接穗　(2)砧木接口　(3)插皮接　(4)塑料条包扎　(5)接后成活情况　5. 优良品种有良好的观花观果效果

（三十四）月季扦插与嫁接相结合的繁殖技术

【意　义】 月季是世界著名的花卉，也是我国十大名花之一。经过近200年来的杂交育种，现已培育出了适应不同环境和用途的品种，在装点庭院、布置居室、美化环境中起重要作用。

月季主要用扦插繁殖，结合嫁接法可加速优良品种的发展。有些品种，特别是黄色品种，扦插不易生根，有些品种扦插苗生长势弱，适宜用嫁接繁殖。

【砧木、接穗的培养与选择】 我国华北地区常以白玉棠作砧木，扦插易生根，基部无刺，便于嫁接操作。另外，粉团蔷薇生长健壮，抗病力强，近于无刺，是良好的砧木。其他有刺蔷薇如花旗藤、七姐妹也适宜作砧木，但刺多给嫁接带来一定的困难。砧木用扦插繁殖，春、夏、秋都可以扦插，但以秋末冬初为最好。将砧木剪成约12厘米长的插穗，插在阳畦中。阳畦上面铺10厘米干净河沙，将插条多一半插入河沙中，阳畦上盖塑料布，天冷时夜间再加盖草帘，经一冬后到春天即生根发芽。接穗用优良品种粗壮枝条，芽要饱满。

【嫁接方法】 一般在初夏砧木旺盛生长时进行芽接，嫁接在新梢基部。嫁接方法可用"T"字形芽接（参考图6-19），也可用方块芽接（参考图6-22）或双开门芽接（参考图6-23）。接后当年萌发，为了促进萌发，"T"字形芽接时横刀可切深一些。待嫁接成活后剪除接芽上部的砧木（图7-34）。

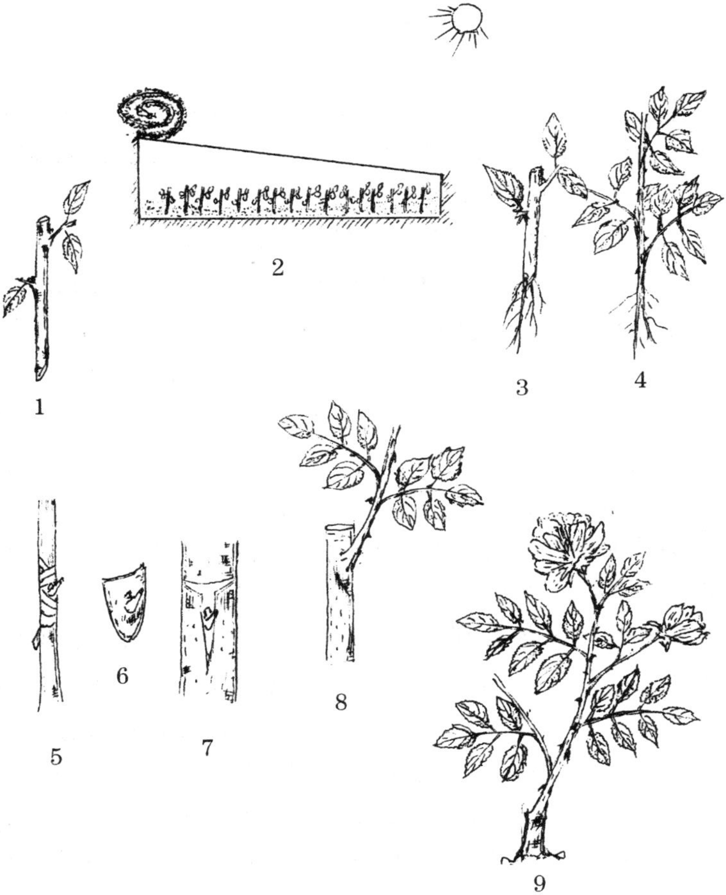

图 7-34　月季扦插与嫁接相结合的繁殖技术

1. 插条　2. 秋后插入阳畦　3. 插条生根　4. 第二年春种入田间　5. 生长旺盛期嫁接　6. 接穗　7. "T"字形芽接　8. 嫁接成活后出芽生长　9. 优良品种生长和开花

（三十五）树状月季的嫁接与培养

【意　义】 自然界的月季，一般都是丛生灌木，没有主干。通过嫁接，可以培养出有主干的小乔木型的树状月季，使其枝繁叶茂，花大量多，花色更多更艳。

【砧木、接穗的培养和选择】 砧木可选用生长势强、比较直立的粉团蔷薇或花旗藤。美国常用专门培育的950号蔷薇砧木。要用2年以上生长旺盛的大砧木，冬前将地上部分平茬。待翌年春季萌生出几条粗壮的枝条，从中选一根生长旺盛的直立枝条，在它旁边立一支棍。一般可用竹竿深埋在土中，将直立枝条捆在竹竿上，可促进直立枝条的生长，并在上部形成分枝作为嫁接砧木用。选择需发展的优良品种的生长旺盛枝作接穗。为了便于操作，可剪除一些尖刺。

【嫁接方法和管理】 到秋季8月下旬至9月上旬，可进行芽接。将优种接穗芽在砧木离地1～1.5米处芽接。上下可接2～3个芽，一般嫁接在砧木高部位的分枝上，可用"T"字形芽接（参考图6-19）或嵌芽接（参考图6-21）。待进入冬季落叶后剪砧，剪去接口以上1厘米之外的砧木，并剪去未嫁接的全部枝条。最好用稻草或废纸把它包起来，外边套上塑料袋。到翌年春季，去除防寒物，并施肥灌水。由于根会萌发很多萌蘖，可埋些土抑制萌蘖生长。另外，主干上的萌芽也要及早清除。接芽萌发初见花蕾时要摘除，促进二次分枝生长。经过1年生长形成多级分枝，即能培养成树状月季（图7-35）。

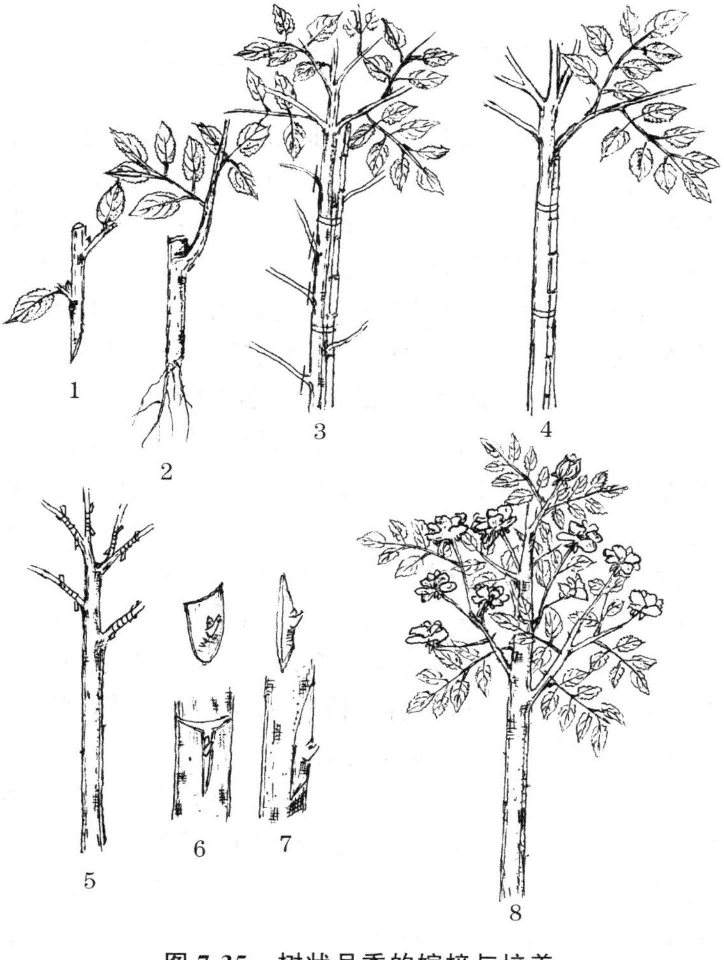

图 7-35　树状月季的嫁接与培养

1. 选用直立型蔷薇扦插　2. 生根生长　3. 绑缚竹竿，并清除下部分枝　4. 形成直立的砧木　5. 在上部分枝上芽接　6. “T”字形芽接　7. 嵌芽接　8. 接芽生长后形成树状月季

（三十六）玫瑰花嫁接与扦插相结合

【意　义】 玫瑰与月季为同属不同种，每年在春天开花一次，花量很大，香气浓郁。除美化环境外，玫瑰花还是重要的香料植物，花可提取香精。也是食品工业的重要原料。玫瑰扦插难以生根，传统的繁殖方法是埋根、断根及分株法，但繁殖较慢。嫁接繁殖除用嫁接月季的方法外，还可以用嫁接扦插相结合的快速繁殖方法。

【砧木、接穗的选择】 砧木可用白玉堂或粉团蔷薇，秋后将砧木剪成小段，而后埋在阴冷的贮藏沟内。接穗也可埋在冷藏沟内，埋上湿沙。也可贮藏在冰箱或冷库内。

【嫁接方法和管理】 早春将冷藏的砧木和接穗挖出来，可在室内进行嫁接，嫁接方法可用劈接法（参考图 6-6）、合接法（参考图 6-11）或舌接法（参考图 6-12）。一般砧木长约 7 厘米，接穗长约 5 厘米，接后总长 12 厘米左右。捆绑时要用尼龙绳或麻皮，接后埋入土中容易腐烂断裂。

嫁接后进行扦插。如果直接插入大田中，整地必须要细致，土壤要疏松湿润，一般在整地前要浇足底水，而后整地做垄。嫁接好的插条插在垄背上，将插条全部插入土中。顶端接穗芽接近土面，插后不能浇水，以防止水直接流进接口，影响嫁接成活。插入接条后用地膜覆盖，可增加土温，保持土壤湿度。接穗芽萌发后要将芽上部的地膜打一小孔，使芽能长出来，并在接穗出芽的周围埋一小土堆固定地膜（图 7-36）。

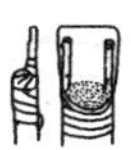

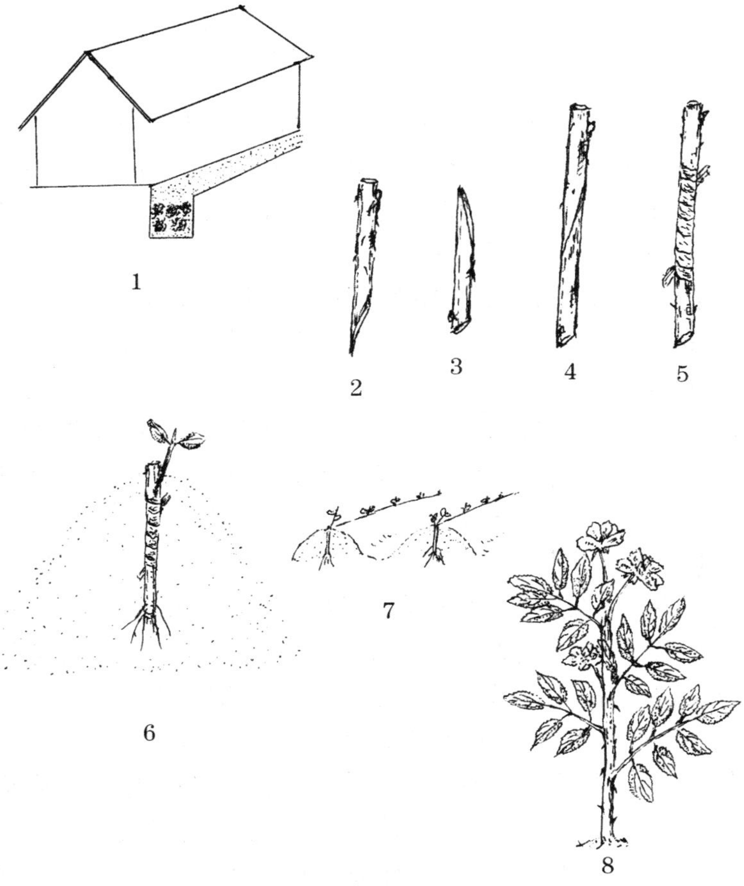

图 7-36　玫瑰花嫁接与扦插相结合

1. 越冬前在背阴处挖沟沙藏砧木和接穗　2. 玫瑰花优种接穗　3. 易生根的蔷薇　4. 合接　5. 用麻皮或尼龙绳捆绑　6. 春季埋土扦插后生根发芽　7. 嫁接好的插条插在垄背上，并用地膜覆盖　8. 玫瑰生长和开花

（三十七）桑树优种嫁接繁殖

【意　义】 种桑养蚕是我国自古以来的重要农业，桑树要发展叶片大、产叶量高的优良品种。另外，优质果桑适合在观光果园种植发展，又是优质的酿酒原料。桑树的繁殖主要用扦插法和嫁接法。

【砧木、接穗的培育与选择】 砧木用本砧，桑葚种子在水中漂洗后晾干收集，到早春播种育苗。也可以利用野生桑树为砧木进行改接换种。接穗选用大叶桑或市场短缺的优良品种的发育枝。果桑近几年选出一些大果型优质品种，有紫黑色、红色和白色，还有长条形品种。这些优良单株要进行短截修剪，促进生长，选强壮发育枝作接穗。

【嫁接方法】

一是春季枝接。利用苗圃培养的1年生或多年生苗进行嫁接。接穗预先蜡封，嫁接方法可用插皮接（参考图6-1）。由于桑树的树皮韧性强，接穗削细一些，可以进行袋接（参考图6-3）。很多地方在袋接时用左手捏开树皮，将接穗反插入砧木形成层中。由于砧木树皮内侧形成愈伤组织比木质部外侧要多，故反插接穗有利于成活。

二是春季根接。利用苗圃中的断根插入接穗中，接穗如果能离皮可用倒插皮接，如果不离皮可用倒劈接，而后种入大田。

三是秋季芽接。当年育成的苗到秋季可进行“T”字形芽接（参考图6-19）。当年芽不萌发，第二年剪砧后萌发生长1年能形成壮苗（图7-37）。

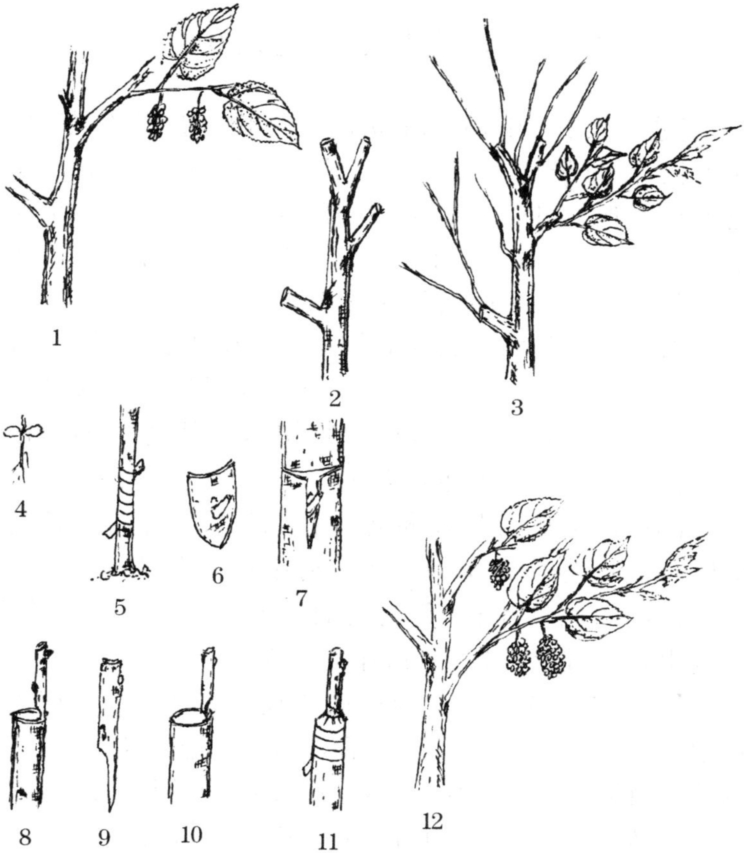

图 7-37 桑树优种嫁接繁殖

1. 选出果实大品质优的优良单株　2. 春季发芽前重截　3. 生长出大量发育枝可作接穗　4. 砧木育苗　5. 秋季芽接　6. 接穗　7. "T"字形嫁接　8. 也可春季枝接　9. 接穗　10. 插皮接时可将接穗反插，桑农称袋接　11. 接后用塑料条包扎　12. 发展优良品种

（三十八）山桐子的选优和嫁接

【意　义】 山桐子在我国中部山区广为分布，生长速度快，雌雄异株。雌株果实成串似葡萄，成熟后果实颜色鲜红美观，长期不落，是很好的风景林。山桐子果实包括种子，含油量占25％以上，其中75％是人体需要的不饱和脂肪酸——亚油酸及维生素E。

山桐子多是实生繁殖，单株产量差异很大，同时雄株的比例很高，很多产区80％为雄株，通过选优嫁接和雄株改接雌株（保留少量雄株作授粉用），可使瘠薄的山区发展成我国高质量油的生产基地。

【砧木、接穗的培养和选择】 砧木用自然生长的雄株以及低产劣质的雌株，也可利用苗圃培养实生幼苗。用已选出的优良雌株，作为优种母株，进行重短截修剪，促进生长出健壮的发育枝，作为接穗。

【嫁接方法】 宜在春季砧木萌发时嫁接，接穗先冷藏起来，待气温到20℃以上后嫁接。山桐子砧木树皮比较薄，若砧木树龄较小，则不宜用插皮接，用劈接法（参考图6-6）为宜。也可以用合接（参考图6-11）或腹接法（参考图6-14），接穗需蜡封；如果不蜡封，需要套塑料袋保持湿度。目前生产上主要是利用野生资源进行春季嫁接，进一步发展也需进行芽接，可用“T”字形芽接（参考图6-19）。

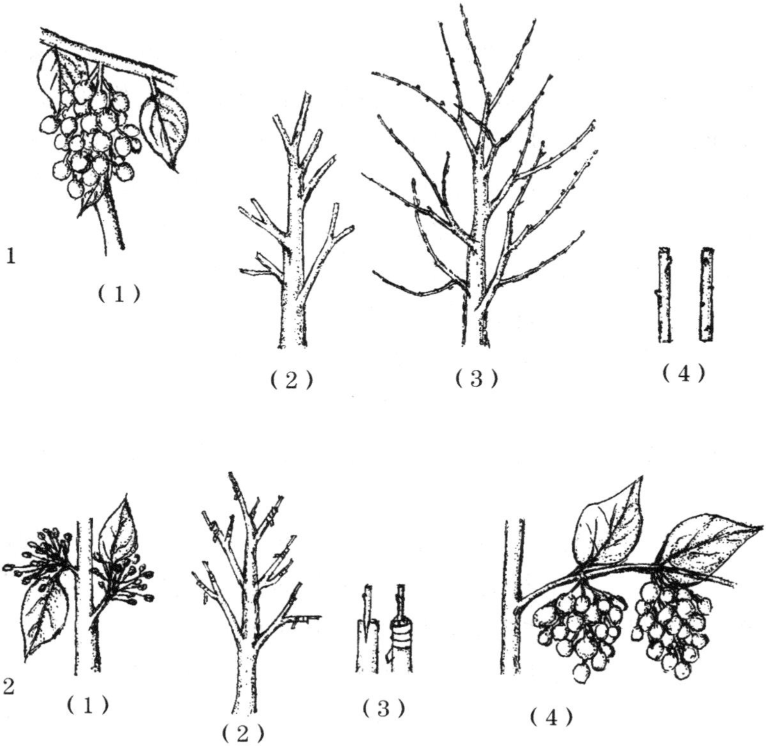

图 7-38　山桐子的选优和嫁接

1. 选择优种雌株　(1)高产优种雌株　(2)冬季重剪截　(3)生产季长出旺盛的发育枝　(4)发育枝做成蜡封接穗

2. 雄株及劣种的嫁接换优　(1)只有雄花无雌花的雄株　(2)高接换种　(3)可用劈接法嫁接　(4)形成优良的无性系

（三十九）速生楸树优种嫁接繁殖

【意　义】 楸树树姿挺拔，木材是优良的建筑、家具用材，也是制作乐器的优质材料，市场上严重供不应求。为此，河北省周口市成立了楸树研究所，并选育出"周楸1号"速生品种，无性系定植6年，平均胸径22厘米，高12米，成为优质的速生树种，有待进一步加速繁殖。

【砧木、接穗的选择】 楸树实生树可作砧木，但很多楸树不产种子，给砧木繁殖带来困难。经试验，可用梓树作砧木，嫁接良种楸树。梓树种子很多，育苗容易，且两者亲和力强，梓树是一种乔化砧，是目前发展"周楸1号"等速生优种树的有效方法。接穗用已嫁接成活的苗圃培养成采穗圃，可加速良种的发展。

【嫁接方法】 接穗可选用"周楸1号"速生新品种的徒长枝。由于用材林和果树花木不同，用徒长枝发育年龄低，不易开花结果，生长快。接穗剪截后蜡封，到梓树芽萌发后进行嫁接，一般可采用切接法（参考图6-8）或秋季用"T"形芽接法（参考图6-19）。对较大的梓树也可以用多头高接，方法主要可用插皮接（参考图6-1）。

速生楸树加速繁殖过程如图7-39所示。

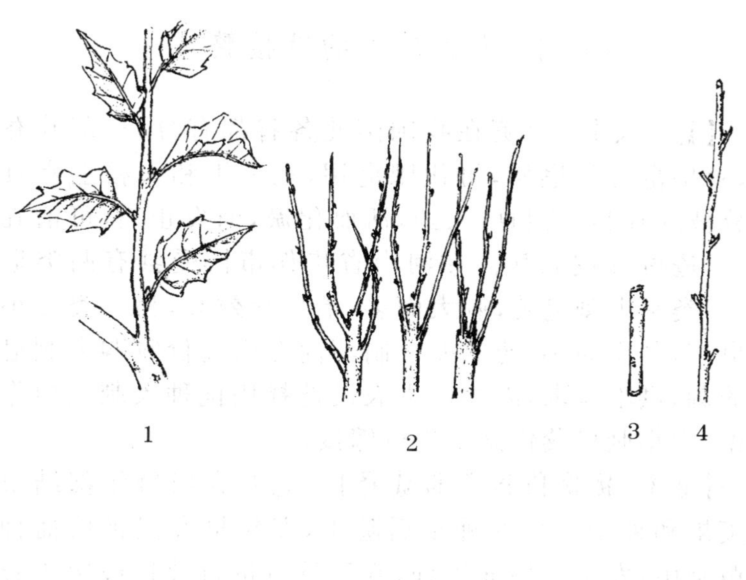

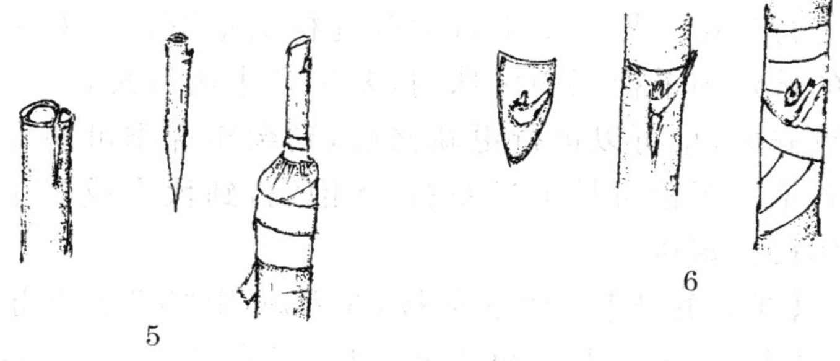

图 7-39　速生楸树优种的嫁接繁殖

1. 用"周楸 1 号"徒长枝作接穗　2. 种植梓树苗圃嫁接良种形成"周楸 1 号"采穗圃　3. 春季采接穗做成蜡封接穗　4. 秋季采接穗边采边接　5. 春季切接　6. 秋季"T"形芽接

（四十）大刺皂荚的嫁接繁殖

【意　义】 皂荚在我国南北各省都有分布，落叶乔木，荚果富含胰皂质，可代肥皂用，在茎干和大枝上常具有分枝的圆刺，枝刺可入药，活血化瘀，消炎止痛，可治乳腺炎、疮癣等皮肤病。在河南省焦作市博爱县有两类皂荚，一类是大刺皂荚，刺大而多、治病疗效高，另一类是小刺皂荚，刺少而小，药效差。制药商专门高价收购大刺皂荚的刺，供不应求，因此促进农民选择用优种大刺皂角作接穗，用小刺皂荚作砧木进行嫁接。

【砧木、接穗的培养和选择】 皂荚大树每年都结很多荚果和种子。采取种子后晾干，翌年早春浸种后播种到苗圃中，发芽后加强管理，到秋季可进行芽接或翌年春季进行枝接。接穗要来自大刺优株的皂荚树。对刺大而多的选定为采穗圃的优株树，要加强水肥管理，冬季要进行重修剪，也可以进行更新修剪，到翌年春季可萌发出大量新梢。新梢可长1米左右，芽饱满，到秋季或翌年春季可作接穗嫁接。

【嫁接方法】 秋季芽接，早秋可用“T”字形芽接法（参考图6-19）。晚秋可用嵌芽接（参考图6-21）。春季枝接，接穗先要蜡封而后可采用切接法（参考图6-8），接后用塑料条将伤口包严捆紧。由于大树茎部有刺，不适宜用高接换种法。春季嫁接晚一些为宜，待砧木发芽后嫁接，两者愈合快，成活率高（图7-40）。

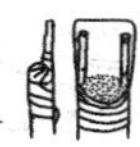

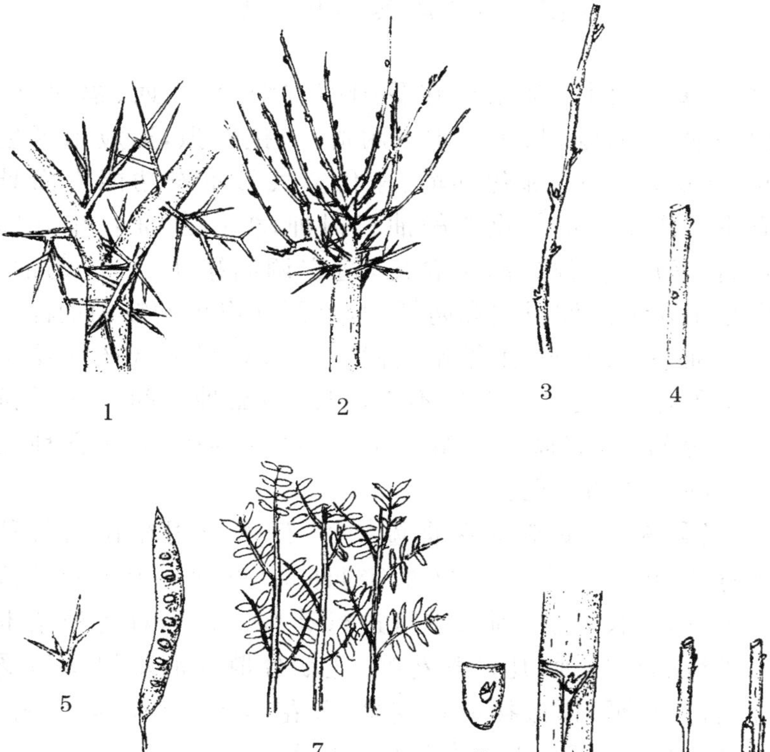

图 7-40　大刺皂荚的嫁接繁殖

1. 大刺皂荚刺大而多，药用价值高　2. 选优良单株进行更新修剪促进发枝作接穗用　3. 长出发育枝　4. 可作为春季枝接的接穗　5. 小刺皂荚药用价值低可作砧木　6. 采砧木种子　7. 形成苗圃　8. 秋季可采大刺皂荚的接穗　9. 用"T"字形嫁接法芽接　10. 春季接穗　11. 用劈接法嫁接

（四十一）油茶的优种嫁接

【意 义】 油茶产在我国南方湖南、江西、福建、广西等地，为常绿树、小乔木。耐瘠薄，抗性强，适应山区生长，在保持水土、绿化环境、净化空气等生态功能方面具有重要作用。也是重要的油料树种，种仁含油率占40%左右，油质色清味香，可食用，适宜调制罐头、人造奶油，也是工业上的润滑油和防锈油，是国际市场的畅销商品。

油茶长期用实生繁殖，种性混杂，有很多低产树要实现良种化，目前已培育出不少优种，但品种之间存在授粉不良等问题，需通过幼苗嫁接和高接换种法加速良种无性系的发展和改造。

【砧木、接穗的培养和选择】 砧木选用在粒油茶种子育苗，用条播法，每667米^{2}约种5 000棵。由于种子营养丰富，生长较快，到秋季可进行芽接。春季对劣种砧木可进行高接换种，凡是开花晚、花期分散的油茶树均易受冻，且产量低，需改接成花期早、开花整齐一致的高产树，以高产树作接穗，进行多头高接换种。

【嫁接方法】 苗圃地嫁接、当砧木生长到1米左右，在秋季进行，可采用补片芽接法（参考图6-27），接在砧木的下部离地3～5厘米处，成活后到翌年早春新芽萌发生长时剪砧，促进芽片萌发生长。高接换种在春季砧木新梢萌发时进行，大砧木可进行多头嫁接，采用切接法（参考图6-8）。由于油茶是常绿树种，接穗不宜蜡封，可采用带叶嫁接，接后用塑料袋包扎，保持湿度。

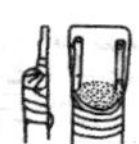

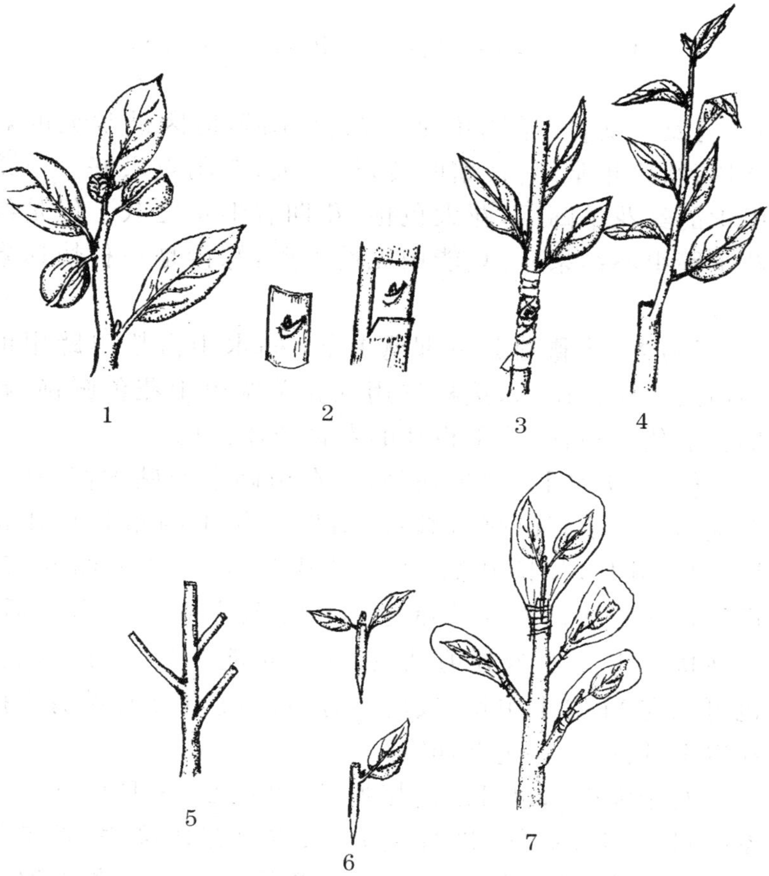

1　　2　　3　　4

5　　6　　7

图 7-41　油茶的优种嫁接

1. 选育出产量高品质好油茶品种　2. 春夏季可用补片芽接法嫁接　3. 接后用塑料条捆绑出接芽　4. 成活后剪砧促进新梢生长　5. 对劣种树春季可以进行多头高接　6. 可用饱满芽带叶接穗　7. 春季多头高接后嫁接口和接穗用塑料口袋套上

（四十二）红花羊蹄甲的嫁接繁殖

【意　义】　羊蹄甲是广东、海南等地区最常见的观赏树种，终年常绿，枝繁叶茂，树冠大，遮阴效果好。羊蹄甲中的红花羊蹄甲，花大色艳，花期有半年之久。但是红花羊蹄甲不结果实，只能用无性繁殖，嫁接是一种快速繁殖方法。

【砧木、接穗的培养和选择】　砧木用宫粉羊蹄甲的小苗或大树作砧木，接穗选用红花羊蹄甲中花色鲜艳、花期长的优良单株，选采粗壮的发育枝作接穗。

【嫁接方法】　通过播种，可在苗圃生产砧木苗，在广东地区 10 月上旬前后嫁接，剪取当年生的粗壮枝作接穗，剪去叶片，保留叶柄，采用补片芽接法（参考图 6-27）进行嫁接。接后对砧木摘心，过 15 天左右接口愈合后，可在接穗上 1 厘米处剪砧，接芽当年能生长 60 厘米高。也可以在 11 月上中旬，接后不剪砧，到翌年 2 月份剪去接芽以上的砧木，促进芽萌发。

对于大砧木也可以高接换种，可在 2～3 月份砧木萌发时进行多头高接，进行截头，采用单芽切接法（参考图 6-8），下部补充枝条可用腹接法（参考图 6-14）。嫁接时要适当保留砧木枝叶，待嫁接成活后再逐步剪除（图 7-42）。

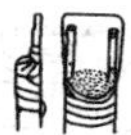

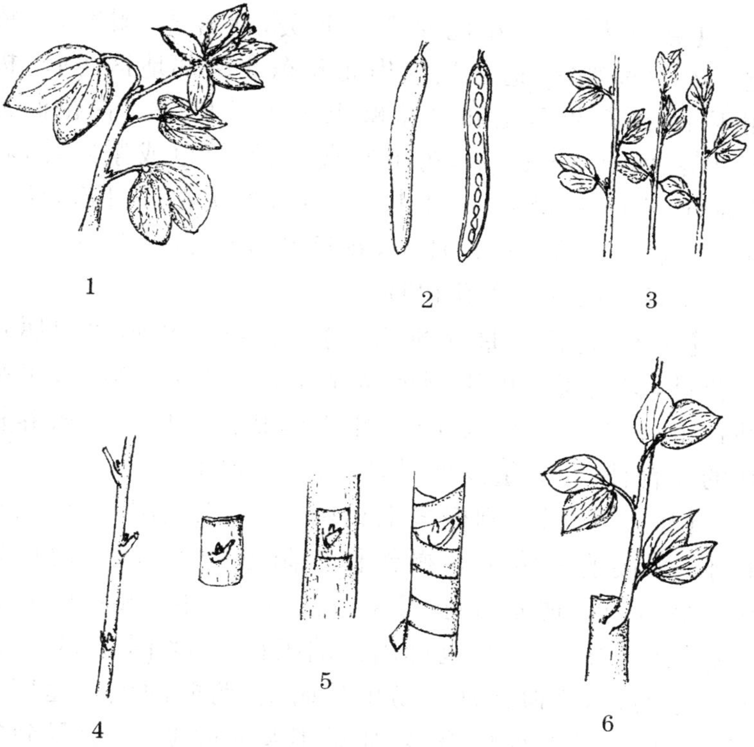

图 7-42　红花羊蹄甲的嫁接繁殖

1. 红花羊蹄甲的开花情况　2. 宫粉羊蹄甲有大量果实种子　3. 宫粉羊蹄甲育苗　4. 采红花羊蹄甲的接穗　5. 嫁接在宫粉羊蹄甲幼苗上　6. 形成红花羊蹄甲壮苗

(四十三)香花槐引种嫁接

【意　义】 香花槐原产于北美,性喜光,耐寒,耐瘠薄。经引种观察,适合我国华北及东北南部地区生长,极耐干旱,在石灰质土和轻盐碱土也生长良好。香花槐为落叶乔木,高8～10米,树干通直,花粉红色或紫红花,花序成串下垂,花量大,一年开二次花,首次在5月份,花期20天,第二次在7～8月份,花期约40天,具芳香,不结实。是理想的绿色美化树种。

【砧木、接穗的培养和选择】 香花槐和刺槐同属蝶形花科,刺槐属。可用刺槐做砧木,刺槐种子很多,可采种育苗,在苗圃中形成1～2年生的壮苗。接穗要培养粗壮的发育枝,在大量发展时,要培养采穗圃。

【嫁接方法】 刺槐茎上长刺,芽接比较困难,可以在春季,嫁接前先将影响操作伤口附近的刺剪除,而后嫁接。嫁接前接穗先蜡封,嫁接方法可用切接(参考图6-8)或劈接(参考图6-6),也可用顶端腹接(参考图6-28)。需要注意的是,刺槐特别容易生长萌蘖,萌蘖的生长速度比嫁接成活的香花槐快得多,如果不及时除萌蘖,会导致嫁接失败,所以一定要抓紧除去砧木的萌蘖(图7-43)。

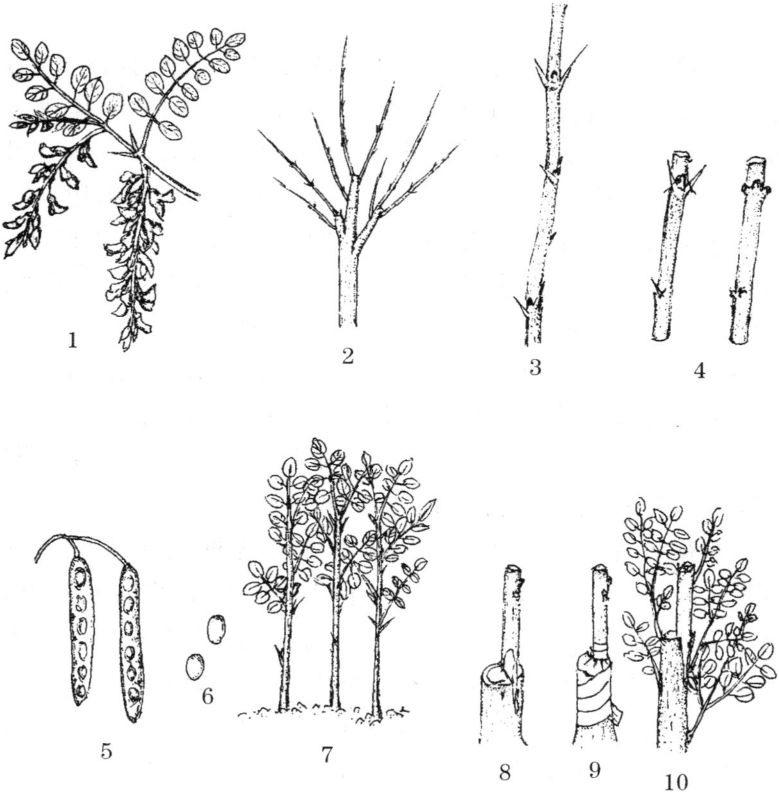

图 7-43　香花槐引种嫁接

1. 香花槐成串开花状　2. 通过冬季重剪截长出可作接穗的发育枝，密植可形成采穗圃　3. 接穗有刺着生在芽的两侧　4. 嫁接前剪除刺后蜡封　5. 刺槐有大量夹果　6. 种子　7. 播种形成刺槐苗圃　8. 刺槐作砧木嫁接香花槐，春季可用切接法　9. 蜡封接穗嫁接后用塑料条捆绑　10. 刺槐非常容易生长萌蘖，除萌工作特别要重视

（四十四）金橘的嫁接及盆景制作

【意　义】 金橘又名金柑，树型小，果实小而多，可食用，具有清喉化痰止咳作用。也可制成蜜饯。盆栽金橘，果实金黄，硕果累累。金橘成熟时正值春节前后，可装点居室，增加节日喜庆气氛。金橘主要用嫁接繁殖。

【砧木培育】 一般用枳（又叫枸橘或枳壳）作砧木。枳壳以果实还未完全成熟的嫩种子发芽率为最高，取出种子后立即播种育苗。为了使盆栽金橘生长快，结果早，砧木要培养2～3年。在培养时要求主干低，分枝部位要低，而且分枝要多，可以通过摘心和短截来增加分枝。转入花盆后，要放在阳畦中生长，加强肥水管理并剪去弱枝，多生粗壮新枝。待新枝木质化后，再进行嫁接。

【嫁接方法和管理】 接穗用金橘优种当年生的强壮嫩枝，长4～5厘米，保留2～3个叶片。将下部削成楔形，然后进行嫩枝劈接（参考图6-7）。嫁接时，从树冠上部到下部，依次进行多头高接，以多接头为好。一棵可接10个头左右，一次完成。接口下的砧木枝条一般留3～4片叶，这样每个嫁接枝上有砧木及接穗的叶片共6～8片。接后用一个较大的塑料袋将花盆带树都套上，温度保持在25℃左右。接后8天，将塑料袋上方剪一小口，适当通气，15天可除去塑料袋。1个月后除去绑缚的塑料条。要注意及时抹去砧木萌芽。盆栽整形一般要求生长成圆锥形或宝塔形。要多施磷、钾肥。到第二年春可满树开花，且能多次结果，使春、秋两季的果同挂在树上不落，一直保存到春节后（图7-44）。

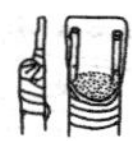

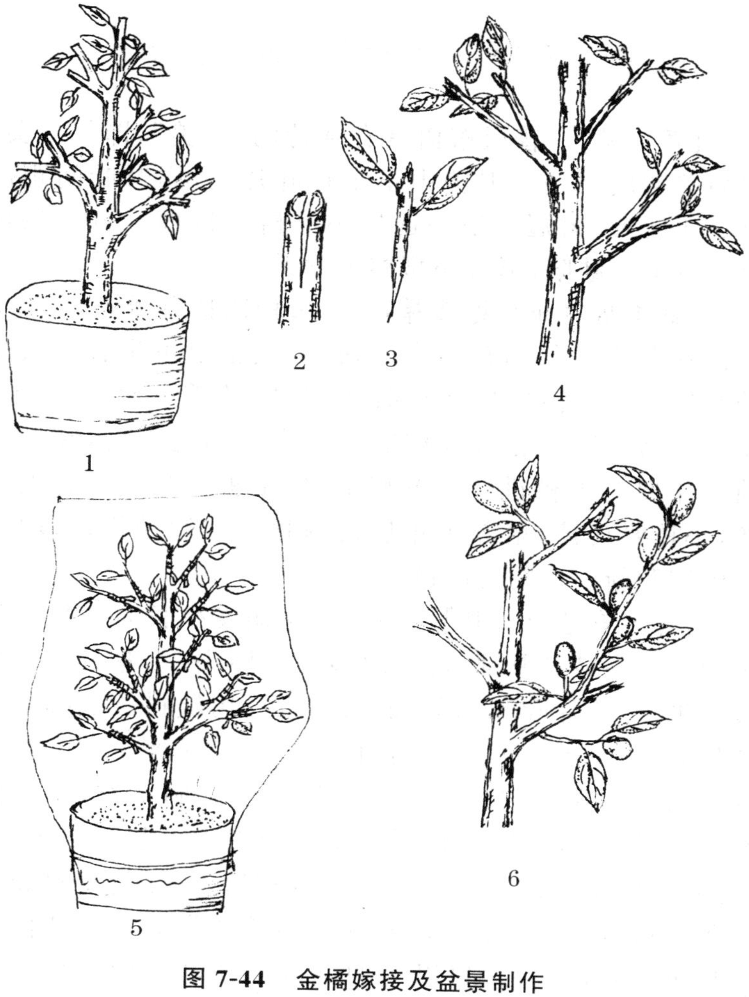

1

2

3

4

5

6

图 7-44　金橘嫁接及盆景制作

1. 培养砧木进行多头高接　2. 砧木劈口　3. 优种接穗　4. 多头嫩枝劈接　5. 接后用塑料条捆绑并套塑料袋　6. 金橘生长结果

（四十五）小叶榕树盆景的嫁接制作

【意　义】 普通榕树具有独特的"三美"，即气根美、根蔓美和块根美。但美中不足是叶片大，同时叶间距离有 2.4 厘米，树冠松散。选择小叶榕作接穗进行嫁接可以改变上述缺陷，形成小型榕桩盆景。

【砧木培养和接穗选择】 人参榕用播种繁殖，3 年生可以在基部生长出较粗大的块根，块根上可生长出气生的侧根。普通榕用压条或扦插繁殖，培养老桩一般要 5 年以上的时间。也可以挖取自然生长的老根桩，在嫁接前 1 年要对根桩进行短截修剪，使根桩上长出旺盛的枝条，小枝要疏掉，培养 1 年后再嫁接。接穗采用印度榕、泰国榕和新引进的美国榕。

【嫁接方法及管理】 在早春芽萌发生长时嫁接。为了使接口在枝条基部，可采用多头腹接法（参考图 6-14）。接穗带 1～2 片叶和侧芽，插入砧木后用塑料条捆绑。每个枝条接 1 个头，一般 3 年生的人参榕可接 3～5 个头。嫁接后要剪砧，在接口上留 20 厘米长的砧木枝条，并保留叶片，嫩梢要剪除。接后用塑料袋将盆一起套起来，保持湿度，温度保持在 25℃左右。嫁接后 7 天，将塑料袋剪一个小口，适当通气。15 天后可将塑料袋摘掉。到接穗明显生长后，即将接口以上的砧木剪掉，同时解除捆绑，而后再绑上新的塑料条。塑料条要绑松一点，因为塑料条可保湿，促进愈伤组织生长，使伤口长平，没有死组织，可提高盆景的观赏价值（图 7-45）。

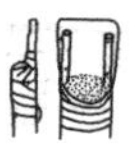

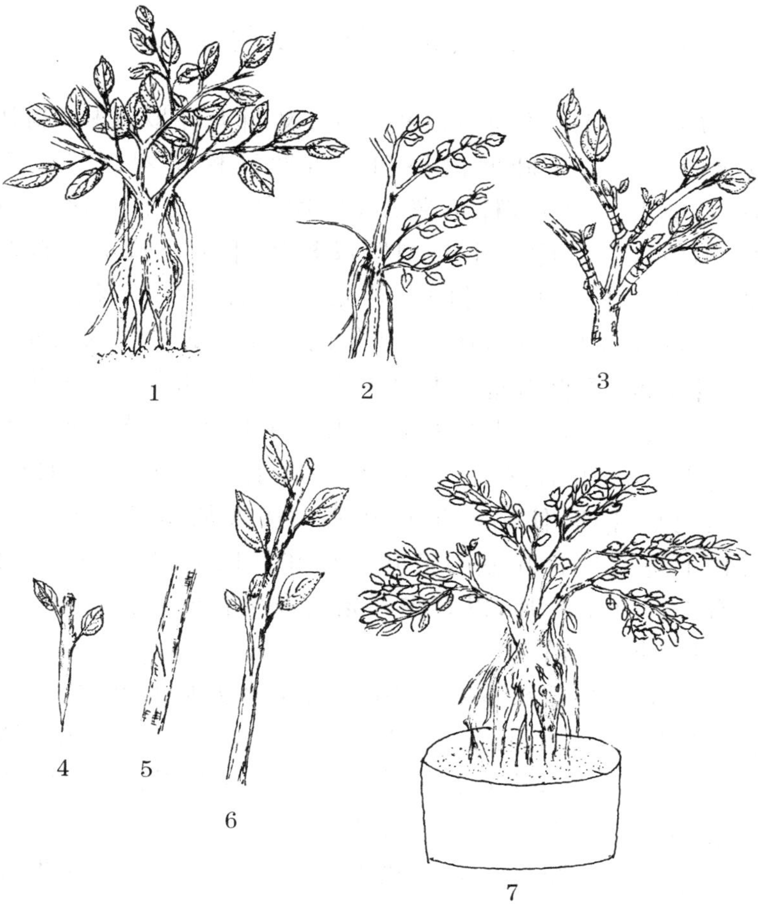

图 7-45　小叶榕树盆景的嫁接制作

1. 大叶榕　2. 小叶榕　3. 大叶榕作砧木嫁接小叶榕　4. 接穗　5. 砧木切口　6. 腹接法　7. 大叶榕姿态优美的根和树冠紧凑的小叶榕相结合

（四十六）米叶、雀舌罗汉松的盆景制作

【意　义】 普通罗汉松叶大，又叫大叶罗汉松，制作盆景效果差。米叶罗汉松和雀舌罗汉松是罗汉松的变种，叶型小而厚实，株形紧凑，层次分明，是非常理想的中、小型盆景。此类小叶型罗汉松用扦插繁殖生长极缓慢，一般需十几年的时间。若用老桩的大叶罗汉松作砧木，通过嫁接及管理，在 2～3 年内就能形成理想的盆景。

【砧木、接穗的培养和选择】 砧木一般用 2～4 年生大叶罗汉松，也可以用树龄较大的大叶罗汉松。若分枝少则先进行压缩修剪，促进下部从主干上生长出嫩枝。加强肥水管理，使砧木生长旺盛。接穗从米叶或雀舌罗汉松上选取生长旺盛的带叶嫩枝并具顶芽，长 3～4 厘米带有 5～10 个叶片，以春季开始萌发生长时嫁接为好。

【嫁接方法】

一是嫩枝截头嫁接。砧木压缩修剪后长出嫩枝，生长 1 年后，在 1 年生枝下部进行嫁接。嫁接方法可用切接法（参考图 6-8），也可以用嫩枝劈接法（参考图 6-7）。要注意形成层对准后再用塑料条捆紧。

二是多头腹接。对于较大的砧木，除截头嫁接外，枝条下部还需要进行腹接（参考图 6-14）。腹接可增加枝量，特别是大砧木下部光秃，可用腹接法来弥补。

完成上述嫁接操作后用一个大塑料袋套上保持湿度。待成活后除去塑料袋，进行适当修剪并将枝条弯曲，可迅速形成米叶罗汉松和雀舌罗汉松盆景（图 7-46）。

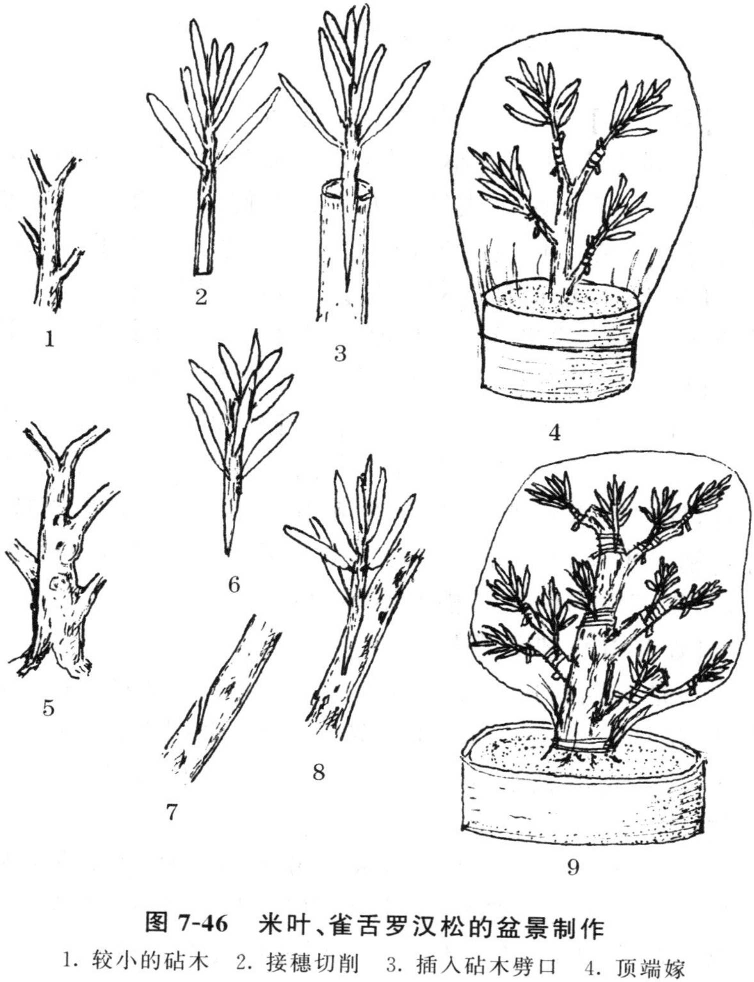

图 7-46　米叶、雀舌罗汉松的盆景制作

1. 较小的砧木　2. 接穗切削　3. 插入砧木劈口　4. 顶端嫁接后套塑料袋　5. 老桩砧木　6. 接穗　7. 砧木切削　8. 腹接法嫁接　9. 顶端嫁接和腹接相结合，接后套塑料袋

(四十七)佛手的嫁接繁殖及盆景制作

【意　义】 佛手果实先端开裂呈手指状,形状似人手,故称佛手。佛手树小果大,果皮金黄色,香气浓郁,可制成盆景。可用嫁接或扦插方法繁殖佛手。通过嫁接可以大量繁殖佛手优良品种,同时可制作优美的佛手盆景。

【砧木、接穗的培养和选择】 砧木多用香橼或柠檬。采摘充分成熟的果实,及时取出种子,可立即播种,一般在苗圃生长1～2年后嫁接。佛手盆景需要培养3～4年生较大的砧木,秋后入室时盆栽并进行短剪,每个枝仅留3～4片叶,放置在5℃左右的室内向阳处养护。春季出室后,加强肥水管理,促使多生粗壮新枝,并剪除细弱枝。待新梢未木质化后进行嫁接。接穗采用新开花结果的枝条,其粗度以与砧木新梢差不多为宜。

【嫁接方法和管理】

一是苗期嫁接。在砧木离地10厘米处剪截,保留下部叶,接穗长4～5厘米,上部留2片叶,采用嫩枝劈接(参考图6-7)或嫩枝切接(参考图6-8)。嫁接捆绑后套塑料袋。

二是盆景嫁接制作。砧木也可采用嫩枝劈接或嫩枝切接。将多个接口都嫁接,捆绑以后,用一个大塑料袋连花盆一起套起来,放置在没有直射光但光线好的地方。

对于果实少的,也可以进行果实嫁接,方法也采用劈接法。将较幼小果实的果柄嫁接在砧木新梢上,用塑料带捆牢后套上塑料袋(图7-47)。

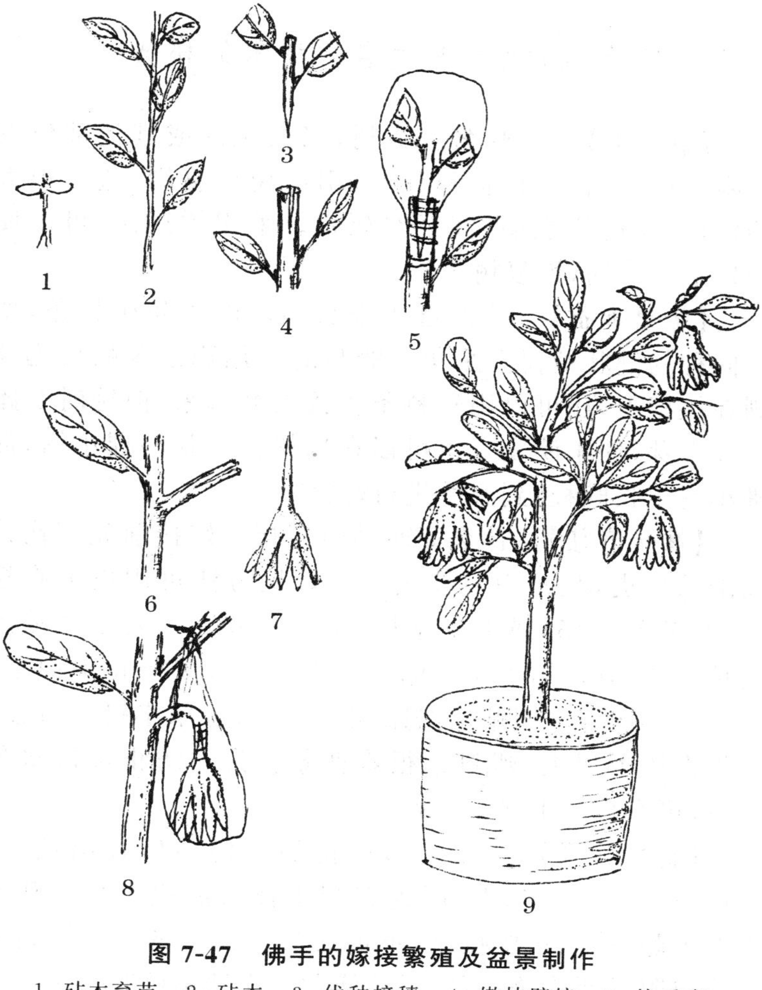

图 7-47　佛手的嫁接繁殖及盆景制作

1. 砧木育苗　2. 砧木　3. 优种接穗　4. 嫩枝劈接　5. 接后套袋　6. 果实嫁接砧木劈口　7. 佛手果实在果柄处削成楔形　8. 嫁接捆绑后套塑料袋并固定在树干上　9. 佛手盆景

（四十八）挽救垂危名贵树木的桥接法

【意　义】 一些名贵古树，当根颈部或其他部位发生腐烂病、虫害或机械损伤时，引起树皮腐烂，造成很大的伤口，使树势衰弱，甚至要死亡。采用桥接法，可以使伤口上下接通，恢复树势。

【接穗准备】 接穗选用细长柔软的 1 年生枝条，要在同种的健壮幼树上采集。蜡封时可用刷子蘸蜡后迅速刷在接穗上，还可以用塑料条将接穗缠起来，但缠时要露出几个芽，便于萌发。也可以在病树旁移栽一棵小树，促进小树生长旺枝，到春季进行嫁接。

【嫁接方法】 春季芽萌动时嫁接。嫁接前先把伤口周围的烂皮切去，刀具要消毒。嫁接方法可用皮下腹接法（参考图 6-15）或去皮贴接（参考图 6-5）。要求两端削面长一些，分别插入伤口的上下部位。如果插得深而紧，可以不必捆绑。用贴接法贴在木槽中，可用小钉子钉住，因为大树干粗大，塑料条很难捆紧。为了防止接口水分蒸发，可在接口上涂抹接蜡。

【接后管理】 桥接后，搭桥的接穗会生长出枝叶。一般第一年不必除去，因为有利于枝条加粗生长。到冬季要剪除，第二年要控制，不再让其生长。腐烂病等病害的伤口附近要涂杀菌剂，以防病菌再次感染（图 7-48）。

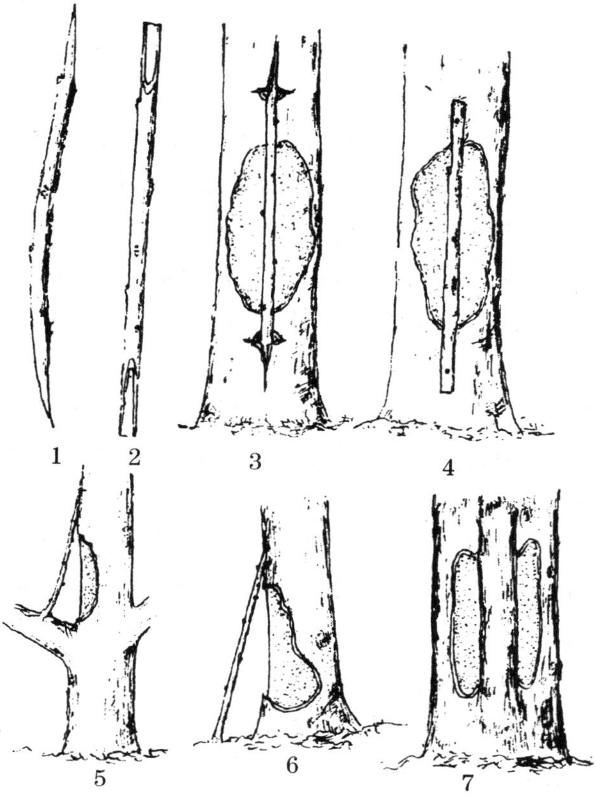

图 7-48　挽救树皮腐烂的桥接法

1. 选取弯曲的枝条作桥接的接穗　2. 在接穗两头分别切削两个马耳形斜面　3. 在树皮腐烂砧木的上下各切一个“T”字形口，用皮下腹接的方法将两头都接好　4. 也可采用去皮贴接法，将接穗贴在除去树皮的砧木槽中而后用钉子钉住　5. 保留在腐烂病斑下方生长出的新梢，将它们的顶端接插入病斑上部的树皮中　6. 在病斑以下根部萌生的萌蘖，也可以将其顶端插入病斑上部树皮中　7. 桥接成活几年后，接穗生长粗壮，起沟通作用

（四十九）改变树形的倒芽接

【意　义】 园林树种有时需要特殊的树形，特别是用在盆景制作上。用接穗进行倒枝接往往不易成活，但倒芽接一般都能成活。倒芽接与一般芽接一样，只是嫁接时将芽向下。嫁接成活后，枝条开始向下生长。然后再弯曲向上，使枝条弯曲，树姿畸形生长，并容易开花结果。

【砧木培养】 砧木生长势要旺盛。如果培养盆景，则在基部离地面5厘米左右要培养几个分枝，以便倒芽接在分枝上，要注意不宜接在主干上。

【嫁接方法】 嫁接时期一般在初夏（5月下旬至6月上旬），利用“T”字形芽接即可（参考图6-19），也可以用方块形芽接等方法（参考图6-22）。接时砧木切“T”字形口，接穗倒切削取芽，使芽向下插入“T”字形切口中。芽接的部位在分枝的新梢下部，枝条的背下侧。

【接后管理】 倒芽接的成活率和正芽接基本相同，生长也不受影响。嫁接成活后，约15天将接口以上的砧木剪除，接口下砧木的叶片可以保留。接穗萌发后，枝条先向下生长，后向上弯曲生长，到适当高度可以进行摘心，促进分枝生长。翌年再加强修剪管理，形成具有特殊形态的树形。由于接口的影响，通常翌年能开花结果，对于难以形成花芽的树种，有利于提前开花结果（图7-49）。

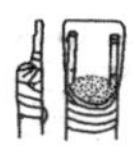

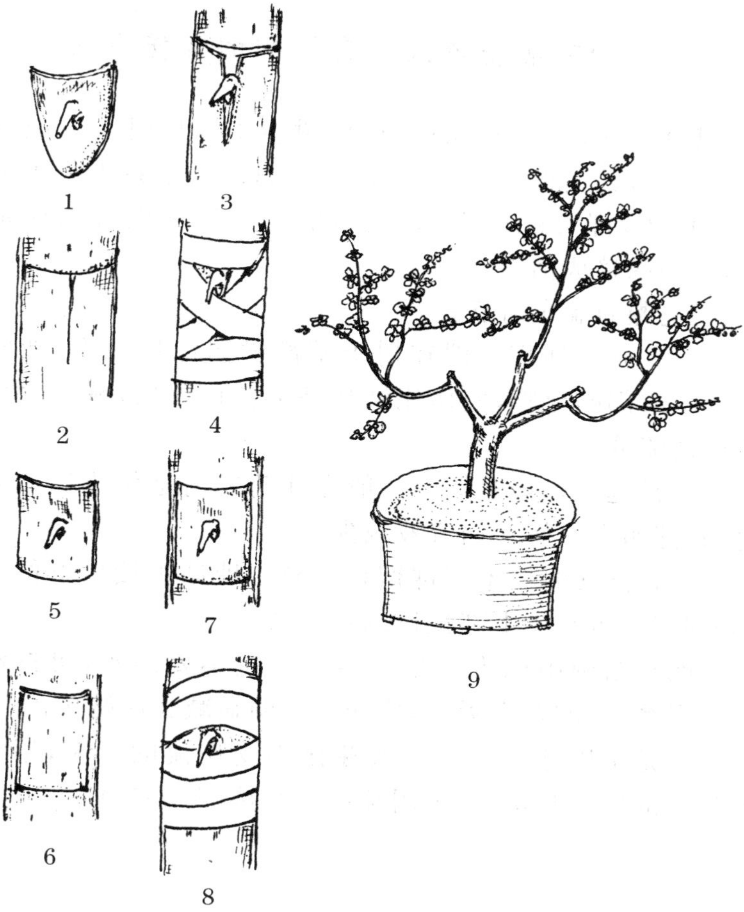

1 3 2 4 5 7 6 8 9

图 7-49 改变树形的倒芽接

1.“T”字形芽接接穗 2. 砧木 3. 接穗插入“T”字形切口 4. 捆绑 5. 方块形芽接接穗 6. 砧木 7. 接穗贴入方形切口 8. 捆绑 9. 倒芽接后生长开花情况

（五十）克服伤流液不良影响的嫁接方法

【意　义】 大家知道，核桃树春季嫁接时伤口能流出伤流液，其实很多生长旺盛的树木，由于根系吸收水分产生根压，都可能产生伤流液，引起接口湿度过大而霉烂，影响嫁接成活率。

【克服伤流的方法】

一是放水处理。即在树干基部横向深砍几刀，切断部分木质部的导管，使伤流液从基部伤口流出，减少上部接口伤流液。

二是延迟嫁接时期。一般在芽萌发前是伤流量最大时期，芽萌发后嫁接伤流液减少。

三是高接时砧木下部留拉水枝。即砧木接口下留一部分叶片，可减少上部接口的伤流液。

四是苗圃中砧木挖根。春季嫁接不要灌水，可挖动砧木根系，影响根系吸水，使伤流液明显减少后嫁接。

五是采用芽接法。一般芽接不受伤流的影响，培养好强壮的砧木和接穗，采用芽接法嫁接（图 7-50）。

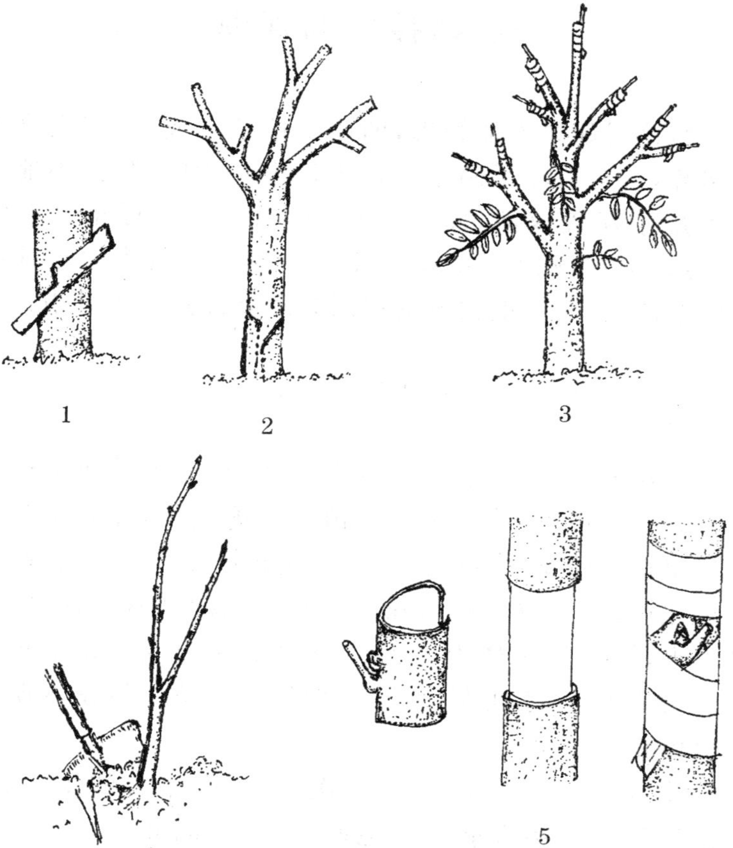

1

2

3

4

5

图 7-50　克服伤流液不良影响的嫁接方法

1. 刀子砍入砧木树干基部(可用木棍敲刀)　2. 砧木伤口流出伤流液叫“放水”　3. 嫁接时期较晚,砧木接口下留叶叫“拉水枝”　4. 苗圃中砧木挖根可减少伤流液　5. 用芽接法可避免伤流液的不良影响

八、嫁接后的管理

嫁接后如果不加管理，即使嫁接已经成活，但也会前功尽弃，甚至毁坏了砧木而得不偿失。所以，我们不能仅仅满足于嫁接成活，而要使优种生长良好，提早开花结果，达到园林树种的要求。对于一些特殊用途的管理前面已经涉及，对一般树木的接后管理要注意以下几点。

（一）除 萌 蘖

嫁接成活及剪砧后，为了保证嫁接成活后新梢迅速生长，应及时把萌蘖除去。幼苗芽接剪砧后，在砧木基部会长出很多萌蘖，有的是从地下部分生长出来的，这些萌蘖都比接芽生长快，必须除去。对高接的砧木来说，由于砧木大，嫁接后树体上大部分隐芽都能萌发。如果不及时除去萌蘖，砧木萌蘖生长快，而接穗竞争不过砧木萌蘖就会停止生长而死亡。

除萌蘖一般要进行 4～5 次，由于砧木上的主芽、侧芽、隐芽、不完芽都能不断地萌发生长，因此清除 1 次是不够的，必须随时清除。等到接穗生长旺盛时，萌蘖才能停止生长。

在多头高接时，如果内膛空虚，也可适当保留一些砧木枝叶。但要控制生长，以后逐步清除或再进行秋季芽接，可增加内膛枝（图 8-1）。

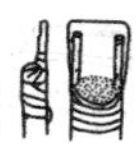

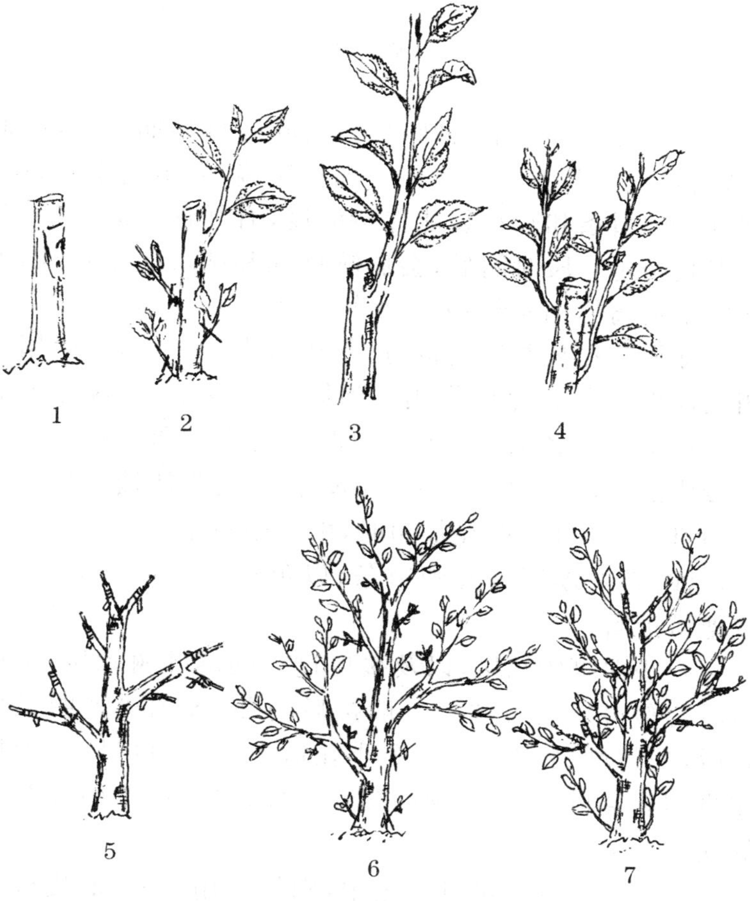

图 8-1　除萌蘖

1. 芽接成活后翌年剪砧　2. 及时清除砧木萌蘖　3. 接穗快速生长　4. 不及时除去砧木萌蘖，接穗生长缓慢，进一步即死亡　5. 多头高接　6. 及时除萌接穗快速生长　7. 不及时清除砧木萌蘖，严重影响接穗生长

（二）解 捆 绑

以前嫁接时多采用麻皮、马蔺叶等材料捆绑，这些捆绑物容易腐烂，不必要解掉。现在嫁接，大多使用塑料条捆绑。塑料条和塑料袋能保持湿度，有弹性，绑得紧。其缺点是经过一段时间后，会影响接穗和砧木的生长，因为塑料不会腐烂，必须用人工来解除。

芽接若在秋季后期进行，则接后先不解绑，一般用封闭式捆绑对芽有保护作用。到第二年春季，在接芽上剪砧后再把塑料条解除，芽才能很好地萌发和生长。春季嫁接成活后，不要及早解除捆绑物，一般要使接穗生长到50厘米左右，并且明显加粗时，由于塑料条会影响加粗生长，这时必须逐渐解开塑料条，以免接口生长有缢缩，使接穗易折断。

有些常绿树嫁接，以及接口过大的落叶树嫁接，采用接后套塑料袋的方法。一般接后约20天到接穗明显生长后，先将塑料袋剪开一个小孔适当通气，再过10天后才将塑料袋除去，以防塑料袋一次除去后产生嫩叶萎蔫的现象（图8-2）。

有些嫁接方法接口在土中，则最好用马蔺、麻皮或葛藤等作嫁接捆绑物。也可以用尼龙绳捆绑，尼龙绳在土中一般50天左右能自动断裂，基本上不影响接口的生长。

除去捆绑物后要及时立支柱，以防接口被风吹折。

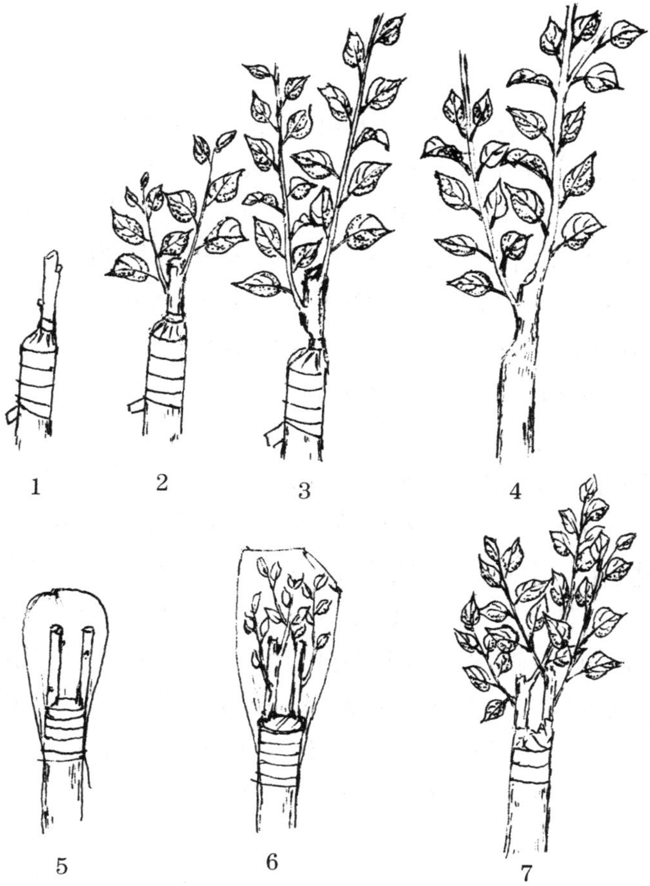

图 8-2 解 捆 绑

1. 春季枝接 2. 嫁接成活接穗萌发生长 3. 新梢生长量大，不解塑料条形成缢缩，易被风折断 4. 适时解开塑料条，接口愈合良好 5. 用套袋法嫁接 6. 接穗成活生长后剪一小孔通风散热 7. 接穗长大后除去塑料袋

（三）立 支 柱

嫁接成活后，由于砧木根系发达，接穗生长很快。这时接合处一般并不牢固，很容易被风吹折。接合处的牢固程度和嫁接方法有关。在春季枝接中采用插皮接、贴接、插皮舌接等方法，接穗生长后容易被风折断；而采用劈接、合接和切接等方法则不容易被风吹折。所以，风大地区最好用不易被风吹折的嫁接方法。另外，在多头高接时，接头越多，生长点分散，可缓和生长势，减少风害。

立支柱是防止风害的有效方法。一般在新梢生长到30厘米以上时，结合松解塑料条，应在砧木的每个接穗处绑1～2根长1～1.5米的支棍，以竹竿等牢固材料为好，下端插在土中或绑在砧木上，要求固定不动，上端把新梢固定在支柱上。绑时要求不能太紧或太松，太紧时会勒伤枝条，太松则起不到固定作用。一般随着接穗新梢的生长，要固定2～3次，每隔20～30厘米固定1次，以确保即使7～8级大风，也不能将接穗吹断。采用腹接法及皮下腹接法，一般不必立支柱，可把新梢固定在上面的砧木上。

用立支柱来固定接穗生长出的枝梢，是一项非常重要的工作。很多地区嫁接成活率很高，但是嫁接保存率不高，甚至很低，其重要原因是被风吹断，因此要根据立支柱所需的人力、物力来决定嫁接的数量，才能达到好的效果（图8-3）。

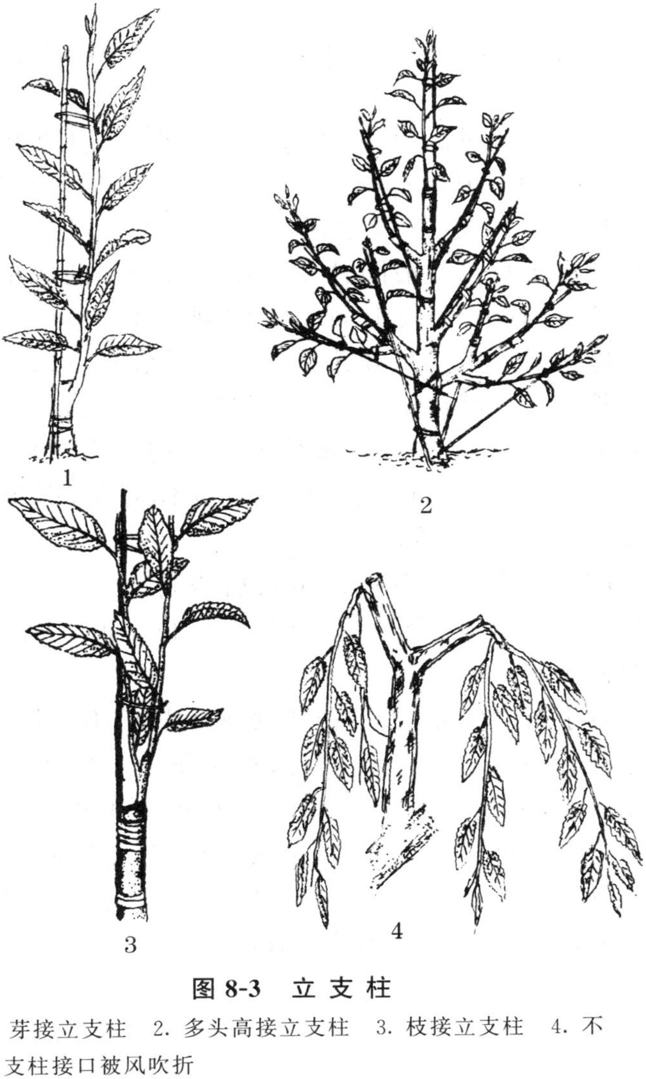

图 8-3　立 支 柱

1. 芽接立支柱　2. 多头高接立支柱　3. 枝接立支柱　4. 不立支柱接口被风吹折

（四）新梢摘心和副梢的促进与控制

为了控制过高生长，当嫁接成活后，接穗新梢生长到约 50 厘米时，要进行摘心。摘心有以下几点好处：一是可以控制过高生长，减少风害。二是可以促进下部副梢的形成和生长。一般园林花木在生长很快的主梢上不会形成花芽，而在生长细弱缓慢的副梢上容易形成花芽。这样嫁接后可以提早开花结果。三是摘心可以控制结果部位外移。在高接换种时，一般接口比较高，如果让其不断向上生长，就产生开花部位外移而内膛无花枝的现象。通过摘心，促进下部分枝，可达到立体开花，即里里外外都开花，提高观赏价值。

摘心工作一般在接穗生长后进行 2～3 次。第一次摘心后，竞争枝还会继续伸展，需要再摘心，可以促进大量副梢形成。

对于苗圃培养，大型苗木接穗生长后不要摘心，同时摘除副梢以促进单条生长，这种单条生长的小苗便于捆绑和运输，定植于林地、庭院或作行道树生长整齐。特别是林荫道要求树木主干高，分枝也要高，不影响汽车等交通工具的活动，这类大型乔木如果培养大苗也要不断清除副梢，促进苗木的高生长（图 8-4）。

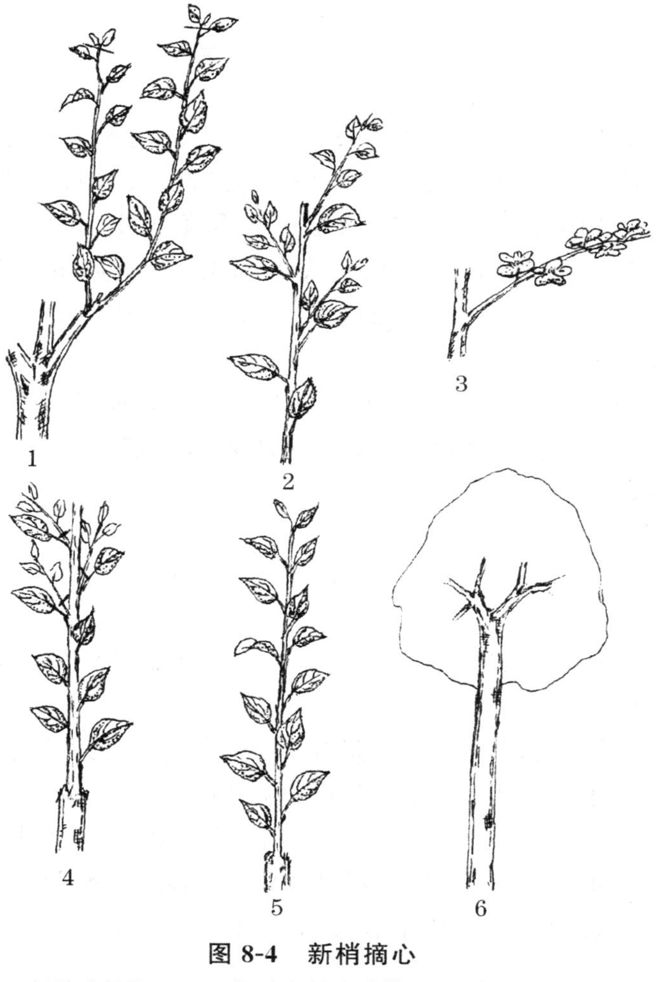

1 2 3 4 5 6

图 8-4　新梢摘心

1. 新梢进行摘心　2. 摘后生长出副梢　3. 副梢形成花芽，翌年能开花　4. 培养高干树木需摘除副梢，促进顶端生长　5. 无副梢的苗木　6. 形成高干树形

（五）防治病虫害

嫁接成活后，新梢萌发的叶片非常幼嫩。由于很多病虫害主要危害幼叶，例如，蚜虫会从没有嫁接树的老叶上转移到嫁接树的嫩叶上；金龟子和象鼻虫、枣瘿蚊等则专门为害嫩梢，能把新梢萌发的嫩叶、茎尖吃光，导致嫁接失败。因此，必须加强病虫害的防治工作，有效地保护幼嫩枝叶的生长。

对于高接的接口要加以保护，特别是对接口太大、不能在1～2年内愈合时，在接口处涂抹波尔多液浆等杀菌剂，以防接口腐烂。

（六）加强肥水管理

嫁接后的植株喜肥需水，应及时施肥和灌水，以促进嫁接树或树苗的生长。

一般嫁接后，为了促进生长，要追施氮肥，结合灌水，可使砧木和接穗之间愈合良好，植株生长旺盛。地上部分叶面积增加，可促进光合作用，又有利于根系生长，使地上与地下生长平衡。到秋季，要增施磷、钾肥，以控制接穗生长过旺，有利于枝条生长充实和安全越冬（图8-5）。

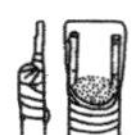

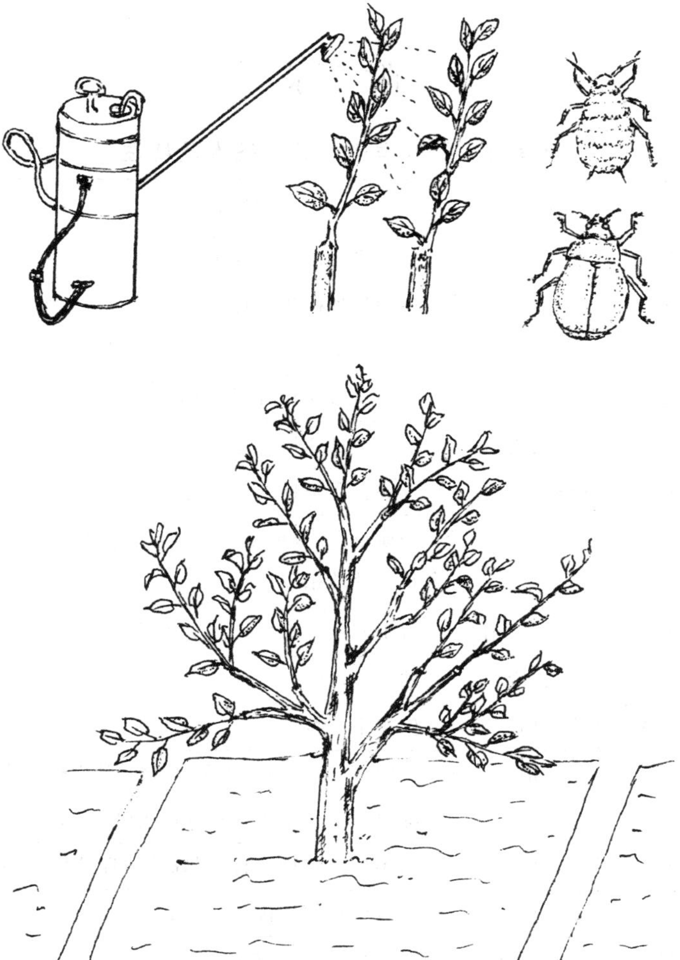

图 8-5　防治病虫害和加强肥水管理

附　录

附表 1　针叶类树木嫁接砧木及特性

树　种	砧　木	嫁接目的和特性
各种松树	本　砧	集中优种树建立种子园
杉　木	本　砧	集中优种树建立种子园
乔　松	华山松	乔松种子极少，用嫁接可加速发展
五针松	黑　松	可使树冠矮化，制作盆景
龙　柏	桧柏、侧柏	发展优良株形的龙柏
翠　柏	桧柏、侧柏	发展色彩鲜艳的翠柏优株
铺地柏	侧柏、桧柏	加速生长、发展优株铺地柏，也可发展成高干伞状形铺地柏
桧　柏	桧柏、侧柏	将不好的株形嫁接成美观的塔形树冠
铅笔柏	侧柏、桧柏	株形美、高，生长快
金叶桧柏	桧　柏	保持金叶特性
线　柏	花　柏	线柏是花柏的优良变种，用嫁接法保持其特性
绒　柏	花　柏	绒柏是花柏的变种，用嫁接法保持优良性状
凤尾柏	花　柏	凤尾柏是花柏变种，用嫁接法保持优良性状
金枝侧柏	侧　柏	发展金枝侧柏优良品种
米叶罗汉松	大叶罗汉松	发展小叶型的罗汉松盆景
雀舌罗汉松	大叶罗汉松	发展优良盆景罗汉松

附表 2　常绿乔灌木类树木嫁接砧木及特性

树　种	砧　木	嫁接目的和特性
广玉兰	木笔天目兰	发展广玉兰优良品种
白兰花	黄兰、紫玉兰、本砧	发展香味浓郁优良品种
黄　兰	本砧、紫玉兰	加速发展香料品种
含　笑	紫玉兰、本砧	加速发展香料品种
山茶花	本砧、油茶	发展优良品种，提高观赏性
桂　花	女　贞	嫁接成活率高、初期生长快，后期不亲和
	小叶女贞	嫁接成活率高，亲和力强，有“小脚”现象
	流　苏	嫁接生长快，抗性强，耐盐碱
	小叶白蜡	亲和力较强，生长中等，不如小叶女贞
杜　鹃	大叶毛杜鹃	发展优种，提高抗寒性，能嫁接成一株多色花
叶子花	本　砧	能嫁接成一株多色花
冬青卫矛	丝棉木	形成高干及不同造型的树冠
大叶黄杨	丝棉木	形成高干球形黄杨，可发展金边及金心黄杨
扶芳藤	丝棉木	形成高干及不同造型的扶芳藤
大果扶芳藤	丝棉木	形成不同造型，秋季彩叶的大果扶芳藤
小叶栀子花	栀子花	形成小叶型盆景
金　橘	枸　橘	矮化，果实丰产，形成优质盆景
佛　手	香橼、柠檬	发展优良品种，培养佛手盆景
小叶榕树	普通榕树	发展和培养小叶榕盆景

附表3 落叶乔灌木类树木嫁接砧木及特性

树种	砧木	嫁接目的和特性
毛白杨及杂种杨	黑杨派	发展扦插难生根的树种，定植要深埋，促进自生根
中华红叶杨	黑杨派	加速红叶杨的发展
紫叶梓树	梓树	发展新选的彩叶树
金叶皂荚	皂荚	发展新选的彩叶树
大刺皂荚	普通皂荚	皂荚刺中具消炎成分，发展药用品种
红叶臭椿	臭椿	发展新选的彩叶树
美国红橡树	蒙古栎	发展新引进的彩叶树
紫叶矮樱	山杏、山桃	发展引进的彩叶树
红叶黄栌	黄栌	发展生长期一直呈红叶的彩叶树
金枝槐	国槐	发展冬季枝条金黄色的观赏品种
金叶刺槐	刺槐	发展叶色黄绿色的彩叶树
金叶栾树	栾树	发展新选的彩叶树
红枫	鸡爪槭，本砧	发展红枫优种，提高抗性
无刺洋槐	刺槐	发展无刺洋槐，便于烧柴
无果悬铃木	悬铃木	发展新选的无果悬铃木，保护生态环境
紫叶李	山桃、山杏	山桃砧生长旺，叶色暗紫；山杏砧生长弱，叶色鲜红
红花刺槐	刺槐	发展红花刺槐新品种
黄花刺槐	刺槐	发展新选的黄花香刺槐
龙爪槐	国槐	采用高接形成垂枝型
大叶垂枝榆	小叶榆	形成大叶型的垂枝榆
红叶挪威槭	元宝枫	发展早春红叶品种

续附表 3

树　种	砧　木	嫁接目的和特性
龙　桑	小叶型桑树	形成垂枝型桑
樱　花	山樱桃、考特	形成垂枝型樱花
垂枝碧桃	山桃、山杏、毛桃	发展垂枝碧桃
碧　桃	山桃、山杏、毛桃	发展优良品种，山桃、山杏砧抗旱，毛桃砧耐湿
二乔碧桃	山桃、山杏、毛桃	发展优良品种
梅　花	山桃、山杏、梅	发展优良观赏品种
海棠花	海棠、山荆子	发展优良观赏品种
垂丝海棠	西府海棠	保持品种优良特性
榆叶梅	山桃、毛樱桃	山桃可培养乔木树冠，毛樱桃呈灌木树冠
木绣球	琼花、对球	木绣球无种子，用嫁接法可加速良种繁殖
垂枝毛樱桃	毛樱桃、毛桃	发展优良品种，毛樱桃砧株型小，毛桃砧植株大
白玉兰	紫玉兰、本砧	发展优良品种
蜡　梅	狗牙梅、本砧	发展优良品种，提高抗性
紫　薇	本　砧	改劣换优，发展优种
欧洲丁香	女贞、白蜡、普通丁香、流苏	发展优种，生长快，增加抗性
黄连木	本　砧	雄株改雌株，发展工业用油料
楸　树	梓　树	加强发展优质木材品种
挪威槭	普通槭树	发展优良风景林
辽东杏梅	山　杏	发展花期早的观赏品种，生长快

续附表3

树　种	砧　木	嫁接目的和特性
黄丁香	北京丁香	发展黄色花丁香,生长高大迅速
扶　桑	本　砧	发展优种,形成多色花
荚　蒾	齿叶荚蒾	发展雪球等优良品种
枸　杞	本　砧	改良品种,发展优种
玫　瑰	各种蔷薇	加速发展良种
月　季	白玉堂	白玉堂无刺,嫁接方便,但抗病性差,白粉病较重
	粉团蔷薇	枝干较光滑,便于嫁接,直立性强,可培养树型月季
	950号蔷薇	直立性强,美国用作树型月季的砧木
	壮丽月季	为法国主用砧木,抗干旱,抗根结线虫病
	花旗藤	根系发达,生长健壮,但刺多,嫁接时要把接口的刺剪除
木　香	各种蔷薇	培养浓香型品种
牡　丹	芍　药	嫁接后要深埋土,产生自生根才能生长良好
	本　砧	用于改劣换优,亲和力强
车梁木	本　砧	发展丰产出油率高的优种
四照花	车梁木	发展花期长、果实品质好的优良品种
大花卫矛	丝棉木	发展秋季红叶美化树种
金边瑞香	本　砧	发展花大、花色艳香、浓香型品种
红花羊蹄甲	宫粉羊蹄甲	发展红花色艳的品种
茉莉花	女贞、水蜡、丁香	发展浓香型优种,丁香砧木萌蘖特别多

附表 4　经济果实林木类树木嫁接砧木及特性

（不包括主要水果）

树　种	砧　木	嫁接目的和特性
核　桃	本　砧	生长结果好，比实生树结果早，产量高，用于发展良种
	铁核桃	适合云南等地南方气候，生长结果良好
	核桃楸	适合北方气候，抗旱抗寒，有矮化作用
	枫　杨	后期不亲和
薄壳山核桃	本　砧	用苦味型的实生苗作砧木，表现良好
板　栗	本　砧	比实生树结果早，产量高，生长结果良好
	野板栗	亲和力强，有矮化作用，生长结果良好，寿命较短
	各种栎类	不亲和或后期不亲和
柿	君迁子（黑枣）	根系发达，抗旱耐寒，耐瘠薄，适应性强，生长结果良好
	本　砧	抗性比君迁子差，有些品种有矮化作用
扁桃（八旦杏）	桃	能正常生长结果，根结线虫病较严重
	桃×扁桃杂交种	根系发达，抗病性强，生长结果良好
	李	生长结果良好，但少数品种亲和力差
枣	酸　枣	耐干旱，抗盐碱，耐瘠薄，结果早，有矮化作用
毛叶枣	本　砧	生长结果良好，发展优良品种

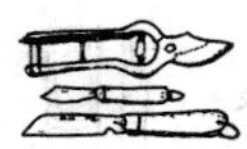

续附表 4

树　种	砧　木	嫁接目的和特性
仁用杏	山　杏	耐干旱,耐瘠薄,适应性强
	山　桃	结果早,适应性较差,寿命较短
香榧子	粗　榧	利用野生资源发展香榧子,生长结果良好
	本　砧	生长结果良好,可用雄株改成雌株,发展良种
油橄榄	本　砧	实生苗嫁接后,生长结果有差异,用无性系生长结果一致
橄　榄	大橄榄、土橄榄	加速发展优良品种,提高品质
木菠萝	本　砧	加速发展优良品种,改劣换优,提高品质
阳　桃	本　砧	加速发展良种,株早结果
沂州木瓜	本　砧	发展山东沂州新选出的优良品种
红果(大山楂)	小山楂	适应性强,抗旱耐寒,结果早,丰产
银　杏	本　砧	繁殖丰产优质的雌株或速生型的雄株
桑	本　砧	发展桑葚品质优良的品种
树　莓	本　砧	发展优质品种
文冠果	本　砧	加速发展优良栽培品种
优种油茶	本　砧	发展高产优质油料品种
山桐子优种	山桐子	发展高产油料品种,雄性树改雌性树

附表 5　石蜡温度和浸蜡时间对冬季休眠接穗生活力的影响

温度(℃)	浸蜡时间	皮层情况	愈伤组织生长情况	芽的情况
100	1 秒	正　常	生长量大	正常萌发
	3 秒	正　常	生长量大	正常萌发
	5 秒	基本正常	个别区域不生长	正常萌发
110	1 秒	正　常	生长量大	正常萌发
	3 秒	正　常	生长量大	正常萌发
	5 秒	有少量褐斑	黑斑处不生长	正常萌发
120	1 秒	正　常	生长量大	正常萌发
	3 秒	正　常	生长量正常	正常萌发
	5 秒	有较多褐斑	生长量小,褐斑处不长	正常萌发
130	1 秒	正　常	生长量大	正常萌发
	3 秒	正　常	生长量较小	大多正常萌发
	5 秒	有较大连片褐斑	不能生长	影响萌发
140	1 秒	正　常	生长量大	正常萌发
	3 秒	有少量褐斑	生长量小	影响萌发
	5 秒	全部发褐	不能生长	不能萌发
150	1 秒	正　常	能生长,较缓慢	正常萌发
	3 秒	有大量褐斑	不能生长	影响萌发
	5 秒	全部发褐	不能生长	不能萌发
200	1 秒	大量褐斑	不能生长	不能萌发
	3 秒	全部变黑褐色	不能生长	不能萌发
	5 秒	全部变黑褐色	不能生长	不能萌发

说明:不同树种接穗对温度抗性有差异,一般芽小的抗性强,芽大的抗性弱。

结束语

以上共介绍了27种不同的嫁接方法和50种具体的嫁接应用技术，基本上包括了所有园林树木的嫁接方法和应用范围。对于嫁接方法在名称上各地常有不同的叫法，如很多地方把合接叫搭接或贴接，把方块芽接及补片芽接叫贴皮芽接等，希望以后这些名称能统一起来。

从生产上常用的嫁接方法来看，其实不需要那么多，应该根据实际情况，选用嫁接成活率高，又容易操作的省工高效的方法。例如，春季枝接在砧木离皮的情况下，各地很多采用插皮接或插皮舌接，笔者把这两种方法进行了比较，前者省工，后者费工，而嫁接成活率前者优于后者。因此，应该采用插皮接而不要用插皮舌接，那些习惯用插皮舌接的地区应该改用插皮接。在插皮接中有两种接穗的切削方法，一种是背面只需削尖，另一种是背面左右削两刀后再削尖。实践证明，在接穗不是太粗壮的情况下，不削两刀既省工，成活率又高，就不必多削两刀了。

很多地区在林木嫁接上习惯于一些传统的嫁接技术，有的是科学的，也有的并不科学，包括以前有些书籍及杂志上介绍的方法也有错误的。例如，有人认为嫁接后埋土是最简单有效的方法。其实通过科学考证，埋土是保湿费工和成活率不稳定的方法。春季嫁接，用蜡封接穗和塑料薄膜包扎才是最简单和成活率高的方法。另外，嫁接时把接穗含在嘴里，并使伤口沾上吐沫，有人认

为是嫁接成活的关键。其实沾吐沫对嫁接成活没有好的影响。还有人认为，芽接时芽片内侧的一块芽与木质部相连的维管束不能掉，这是芽接成活的关键。试验证明，这与嫁接成活无关，愈伤组织能分化出维管束，把砧木与接穗芽连接起来。在嫁接过程中，很多人认为，嫁接时削得平、削得快，最好一刀削成，使砧木和接穗密切接触是成活的关键。实际上如果砧木和接穗不能长出愈伤组织，切削技术再好，也不能成活；相反，如果砧木和接穗能形成大量愈伤组织，切削技术差一点，双方有较大的空隙，愈伤组织也能把空隙填满，嫁接就能成活。我们不能否定切削技术的重要性，枝接时，要保证砧木和接穗形成层相接，芽接时要避免擦伤芽片内侧和木质部外侧的形成层。但更重要是保证愈伤组织的形成，这是嫁接成活的关键。

对于愈伤组织的形成和生长，有人认为单宁物质能使伤口形成隔离层，有些含单宁的植物，嫁接就难以成活。同时，也提出伤口用生长素等化学物质来处理，以便促进愈伤组织的形成和生长。笔者试用了这些方法发现，主要的是砧木和接穗要富有生活力，如核桃、柿子、板栗等枝条中含单宁较多，但如果用充实粗壮的接穗，单宁不会影响愈伤组织的生长，砧木、接穗的愈合与嫁接的成活率和其他树种没有多大差别。生活力弱的砧木和接穗用生长素处理也不能使愈伤组织增加。切削的伤口面保持清洁，对嫁接成活很重要，生长素处理时容易造成伤口不洁，对嫁接有不良影响。

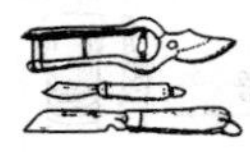

总之，如何能促进愈伤组织的生长，这是嫁接工作者要注意的核心问题。在提高成活率的同时，还要提高保存率，使嫁接成活的林木能愈合良好，生长健壮，优质丰产。下面把影响嫁接成活率和保存率诸因素之间的关系，画出如下图式。

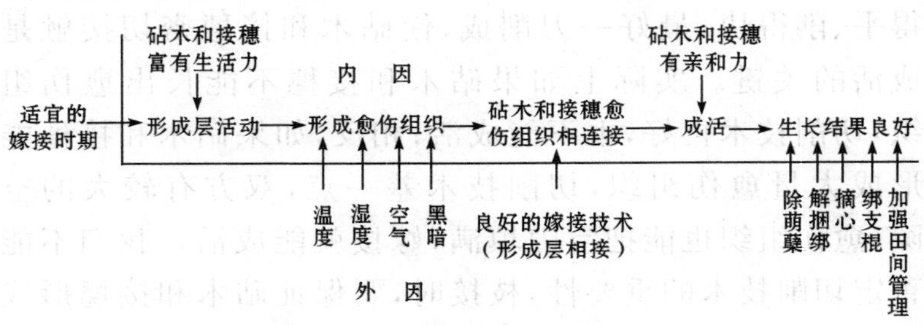

从上图看出，由形成层活动到形成愈伤组织，砧木和接穗愈伤组织相连接，使嫁接成活，生长结果良好，这是内部原因。砧木、接穗富有生活力，并且双方有亲和力，这是嫁接成活的基础。合适的嫁接时期、温度、湿度、空气、黑暗，以及良好的嫁接技术和接后管理是各个环节的外部原因。内因是基础，外因是条件，外因通过内因起作用，这个哲学原理同样适合于对嫁接过程的分析。搞清了这些因素的关系，对嫁接成活过程，就有了深刻的理解。